中国区域生态资源资产研究

广东省国有林场和森林公园森林资源资产负债表研究

主　编　米明福

副主编　王　琪　叶有华　廖业佳　等
　　　　杨梦婵　曾祉祥

科学出版社
北　京

内 容 简 介

全书在辨析森林资源资产负债表概念的基础上，分别提出了广东省国有林场和森林公园负债表框架和评价指标体系，并详细介绍了森林资源、湿地资源和珍稀濒危物种资源三大资源经济效益、生态效益和社会效益的评估方法及相关指标的数据采集方案等内容。国有林场和森林公园是区域发展的重要生态基点，本书可为国有林场和森林公园森林资源资产评估管理提供技术支撑。

本书可供自然资源资产管理相关的政府部门、企事业单位、科研院所和高等院校，以及从事生态资源研究、自然资源资产核算管理与审计、生态经济、生态补偿、生态环境损害追责和土地资源流转价值评估等工作的人员阅读使用。

图书在版编目（CIP）数据

广东省国有林场和森林公园森林资源资产负债表研究 / 米明福主编 .
—北京：科学出版社 . 2018.3
（中国区域生态资源资产研究）

ISBN 978-7-03-056764-2

Ⅰ.①广… Ⅱ.①米… Ⅲ.①国营林场－森林资源－资金平衡表－研究－广东 ②森林公园－森林资源－资金平衡表－研究－广东 Ⅳ.①S757.2

中国版本图书馆CIP数据核字（2018）第047228号

责任编辑：朱 瑾 田明霞 / 责任校对：郑金红
责任印制：张 伟 / 整体设计：铭轩堂

科 学 出 版 社 出版
北京东黄城根北街16号
邮政编码：100717
http://www.sciencep.com

北京京华虎彩印刷有限公司 印刷
科学出版社发行 各地新华书店经销

*

2018年3月第 一 版 开本：B5（720×1000）
2018年3月第一次印刷 印张：17
字数：348 000

定价：138.00元
（如有印装质量问题，我社负责调换）

《广东省国有林场和森林公园
森林资源资产负债表研究》
编委会

主　编：米明福

副主编：王　琪　叶有华　廖业佳　杨梦婵　曾祉祥

编　委：（以姓氏笔画为序）

孙延军　孙芳芳　李　鑫　张　原　陈　龙　陈　礼　陈劲松

胡　平　胡显志　郭　微　黄　涛

序　言

习近平总书记在党的十九大报告中明确指出，"中国特色社会主义进入新时代，我国社会主要矛盾已经转化为人民日益增长的美好生活需要和不平衡不充分的发展之间的矛盾"。这一重大而全新的判断反映了我们党对新时代这一国家发展的历史方位和基本矛盾的清晰认识。在众多不平衡不充分发展的问题中，经济发展与生态资源保护的不平衡问题是较普遍的问题，也是亟待解决的"不平衡不充分"的重要问题之一，因此生态建设与生态资源保护已经成为需要优先着手解决的紧迫性和必要性问题。

森林是陆地生态系统的主体，森林生态建设与森林生态资源的保护也是生态建设和生态文明的核心内容之一，对人类赖以生存的环境质量影响巨大。显然，加强森林生态建设与森林生态资源的保护也是解决经济发展与生态资源保护的不平衡问题的极重要问题。然而，国有林场和森林公园是我国自然资源资产的重要集聚地，做好国有林场和森林公园的自然资源资产保护管理工作，使其保值、增值，对解决人民对生态质量日益增长的美好需要和不平衡不充分的发展之间的矛盾具有重要意义。为此，广东省委、省政府在实施的《广东省国有林场改革实施方案》中也明确提出"加强对国有林场森林资源保护管理情况的考核，加强国家和地方国有林场森林资源监测体系建设，建立健全国有林场森林资源管理档案，定期向社会公布国有林场森林资源状况，对国有林场场长实行国有林场森林资源离任审计"等要求。

但是，如何量化摸清森林资源的生态功能家底？如何评价森林资源的保值与增值？这就需要建立森林资源资产负债表，这是个新的命题。为此，开展了"广东省国有林场和森林公园森林资源资产负债表编制及数据采集"研究课题，开展此项研究既是林业制度改革本身的需要，也是我国重要生态功能区自然资源资产管理的需要。

此研究成果创新性地提出了国有林场和森林公园负债表框架和评价指标体系，构建了国有林场和森林公园自然资源资产的评估技术方法，开发了国有林场和森林公园自然资源资产信息化管理系统，并选择了若干国有林场和森林公园进行落地实践，形成了"广东省国有林场和森林公园森林资源资产负债表"成果。该成果既有国有林场和森林公园负债表理论的创新探索，也有国有林场和森林公园资产核算技术和大数据系统开发技术的融合，实现了森林管理理论、管理科学技术与应用实践的有机结合。

将这些成果汇集为《广东省国有林场和森林公园森林资源资产负债表研究》一书，为广东省国有林场和森林公园森林资源资产日常管理与评估预警、领导干部自然资源资产审计、生态环境损坏鉴定与赔偿、生态补偿、生态产品交易、生态文明建设评价考核提供技术支撑，为广东省自然资源可持续利用与区域可持续发展提供参考，也为我国其他地区国有林场和森林公园资源资产负债表编制和生态文明建设提供示范。

自然资源资产负债表的研究工作在我国尚处于探索试点阶段，《广东省国有林场和森林公园森林资源资产负债表研究》无疑为广大自然资源资产管理和研究者提供了经验与参考，也希望编写组通过今后进一步的探索和实践来检验与完善他们的研究成果，形成更加成熟的技术指南或技术标准，为我国森林生态建设、森林生态资源保护及森林资源的保值增值、提质增效的管理做出新的贡献。

中国工程院 院士

2017 年 12 月 12 日

前　言

自党的十八届三中全会《中共中央关于全面深化改革若干重大问题的决定》提出要"探索编制自然资源资产负债表,对领导干部实行自然资源资产离任审计"以来,中央及地方印发了一系列文件来推动以土地资源、森林资源和水资源为核心的自然资源资产负债表的探索编制工作。2015年3月17日,中共中央、国务院印发了《国有林场改革方案》(中发〔2015〕6号),要求加强国有林场森林资源监测体系建设,定期向社会公布国有林场森林资源状况,接受社会监督。2015年9月29日,广东省委、省政府印发实施《广东省国有林场改革实施方案》(粤发〔2015〕9号),重申"加强各级国有林场森林资源监测体系建设,建立健全国有林场森林资源管理档案,对国有林场场长实行森林资源离任审计"是改革的内容之一。

广东省现有国有林场217个、省属及以上的森林公园103个,遍布全省21个地级市,94个县(区),周边分布着110座大中型水库和57条大江大河,并且保存有全省90%以上国家Ⅰ级、Ⅱ级保护野生动植物种类,生态功能明显,区位重要。开展广东省国有林场和森林公园森林资源资产负债表研究既是为了进一步落实国家精神,贯彻中央、省部委的相关要求,建立健全广东省国有林场和森林公园监测体系,也是准确掌握森林资源现状、全面客观衡量广东省国有林场和森林公园森林资源资产、加强对国有森林资源保护管理情况的考核、探索实施森林资源离任审计制度的必然要求。

本书基于广东省国有森林资源,提出了包含负债表框架体系、评价指标体系、价值核算体系、数据采集方案在内的一整套负债表体系,为在省一级及更大尺度上开展单项自然资源(森林资源)资产负债表编制与应用实践提供重要的示范借鉴。全书共5章,第1章阐述了研究背景与研究对象;第

2 章辨析了森林资源资产负债表相关概念；第 3 章介绍了广东省国有林场和森林公园森林资源资产负债表框架与评价指标；第 4 章提出了广东省国有林场和森林公园森林资源、湿地资源和珍稀濒危物种资源的价值核算体系；第 5 章明确了广东省国有森林资源资产数据采集指标及相应指标的数据采集方案。

作为"中国区域生态资源资产研究"系列丛书之一，本书以广东省国有林场和森林公园为对象，率先探索并总结了在省级层面开展单项森林资源资产负债表体系的编制和应用经验。但也由于自然资源资产负债表理论体系尚未成熟统一，本书在研究内容方面难免存在不足，恳请广大读者批评指正。

作　者

2017 年 12 月

目　　录

第 1 章

绪　论

1.1 广东省国有林场和森林公园森林资源资产负债表研究背景

1.1.1 政策背景

党的十八届三中全会印发了《中共中央关于全面深化改革若干重大问题的决定》，提出要"健全自然资源资产产权制度和用途管制制度。对水流、森林、山岭、草原、荒地、滩涂等自然生态空间进行统一确权登记""探索编制自然资源资产负债表，对领导干部实行自然资源资产离任审计"；2015年《中共中央国务院关于加快推进生态文明建设的意见》与中央全面深化改革领导小组会议审议通过的《关于开展领导干部自然资源资产离任审计的试点方案》相继印发，均要求"探索编制自然资源资产负债表，对领导干部实行自然资源资产和环境责任离任审计"；同年9月，《生态文明体制改革总体方案》审议通过，作为生态文明领域改革的顶层设计，"构建归属清晰、权责明确、监管有效的自然资源资产产权制度……"作为方案八项制度的首项被提出，针对包括自然资源资产负债表在内的自然资源资产管理改革在各领域全面铺开。

林业领域，中共中央、国务院印发的《国有林场改革方案》和广东省委、省政府印发实施的《广东省国有林场改革实施方案》也明确提出"建立制度化的监测考核体制，加强对国有林场森林资源保护管理情况的考核，将考核结果作为综合考核评价地方政府和有关部门主要领导政绩的重要依据。加强国家和地方国有林场森林资源监测体系建设，建立健全国有林场森林资源管理档案，定期向社会公布国有林场森林资源状况，接受社会监督，对国有林场场长实行国有林场森林资源离任审计"等任务要求。

本项目的开展是为了进一步落实国家精神，贯彻中央、省部委的相关要求，建立健全广东省国有林场和森林公园监测体系，准确掌握森林资源现状，科学、客观衡量广东省国有林场和森林公园森林资源资产，加强对国有森林资源保护管理情况的考核，探索实施森林资源离任审计制度的必然要求。通过构建一套与广东省国有林场和森林公园实际相符合的森林资源资产负债表，建设森林资源基础数据管理平台、制定森林资源资产数据采集方案和开展数据采集，可以加强广东省国有林场和森林公园森林资源监测，实施现有林业资源的数字化管理，建立制度化的监测考核体制，为领导干部森林资源资产离任审计提供数据支撑。

1.1.2 我国自然资源资产负债表编制实践经验

自然资源资产负债表是党的十八届三中全会提出的崭新课题，不管是国内还是国外都没有成熟的思路和方法，我国在自然资源资产核算和负债表的编制方面仍处于研究探索阶段，近年来，仅少数地区开展了自然资源资产负债表的编制工作。

1.1.2.1 我国启动自然资源资产负债表试点工作

2015 年 11 月，国务院办公厅印发了《编制自然资源资产负债表试点方案》（以下称《试点方案》），部署全面加强自然资源统计调查和监测基础工作，坚持边改革实践边总结经验，逐步建立健全自然资源资产负债表编制制度，并提出在内蒙古自治区呼伦贝尔市、浙江省湖州市、湖南省娄底市、贵州省赤水市、陕西省延安市开展编制自然资源资产负债表试点工作。

根据该《试点方案》，我国自然资源资产负债表的核算内容主要包括土地资源、林木资源和水资源。其中，土地资源资产负债表主要包括耕地、林地、草地等土地存量利用情况及其变化，耕地和草地质量等级分布及其变化。林木资源资产负债表包括天然林、人工林、其他林木的蓄积量和单位面积蓄积量。水资源资产负债表包括地表水、地下水资源情况，水资源质量等级分布及其变化。

《试点方案》要求，试点工作应遵循坚持整体设计、突出核算重点、注重质量指标、确保真实准确和借鉴国际经验的原则。试点的主要内容是，根据《试点方案》采集、审核相关基础数据，研究资料来源、核算方法和数据质量控制等关键性问题，探索编制高质量的自然资源资产负债表。出于优先核算具有重要生态功能的自然资源的考虑，试点地区主要是探索编制土地资源、林木资源、水资源实物量资产账户，有条件的试点地区还可以探索编制矿产资源实物量资产账户。在试点过程中及时总结评估试点效果和存在的问题，形成可复制可推广的改革经验。根据试点经验，国家统计局将会同有关部门制定统一的自然资源资产负债表编制制度，并编制出全国自然资源资产负债表。

1.1.2.2 内蒙古自然资源资产负债表

2014 年底，内蒙古印发了《内蒙古自治区探索编制自然资源资产负债表总体方案》，选取赤峰市、呼伦贝尔市作为试点地区，选择森林、草原、湿地 3 种自然资源开展实物量填报工作。

2016 年 5 月，根据内政字〔2014〕104 号文件要求，内蒙古探索编制了"内蒙古自然资源资产负债表"，包含林木资源资产实物量变动表、草原资源资产实物量变动表、水资源资产实物量变动表、土地资源资产实物量变动表、矿产资源资产实物量变动表，其中实物量变动表又分为存量及变动表、质量及变动表。

鄂托克前旗作为鄂尔多斯自然资源资产负债表的试点地区，引入深圳研究团队（深圳市环境科学研究院），借鉴深圳经验，鄂托克前旗在全国率先构建了"西北模式"的自然资源资产负债表体系，并完成了实物量的审计工作。2016 年5 月，《鄂托克前旗自然资源资产负债表体系》通过专家论证，研究成果达到国内领先水平。

1.1.2.3　湖州市自然资源资产负债表

2015 年 7 月，中国科学院地理科学与资源研究所完成了浙江省湖州市自然资源资产负债表的编制。"湖州市自然资源资产负债表"探索了自然资源资产负债表编制的理论与方法，提出了"三并重、三结合"的基本原则和"先实物后价值、先存量后流量、先分类后综合"的技术方案。该负债表由 1 张总表、6 张主表、72 张辅表和大量底表构成。总表列出 3 个部分：第一部分是资产类，包括土地资源、水资源、林木资源和矿产资源，这摸清了自然资源资产家底；第二部分是负债类，包括资源耗减、环境损害和生态破坏，这反映了自然资源资产的使用情况；第三部分是资产负债差额，让人们直观地看到了发展所付出的资源资产成本，看看这笔账究竟合算不合算。

同时，该研究提出了湖州市自然资源资产负债表的计量方法，建立了湖州市及其各县、区的自然资源资产数据库，编制了 2003 ～ 2013 年湖州市和安吉县自然资源资产负债表，基本符合湖州实际，并进一步提出了湖州市自然生态空间统一确权登记实施方案和湖州市领导干部自然资源资产离任审计制度的建议。

1.1.2.4　承德市自然资源资产负债表

河北省承德市作为国家试点地区之一，于 2016 年 4 月完成了全市自然资源资产负债表的编制与核算工作。

从范围上看，承德市自然资源资产负债表的核算包括承德市行政区域内的土地资源、水资源、森林资源与矿产资源，以及承德市的环境质量与生态功能，并探索编制了自然资源资产负债表的价值型账户。

从形式上看，承德市采用了"总表－分类表－扩展表"组成的自然资源资产负债表报表体系，以及由"资产—负债—资产负债差额"构成的自然资源资产负债表基本表式，编制完成了一套由总表、分类表、扩展表及辅助表等构成的承德市自然资源资产负债表。

从核算上看，截至 2013 年，承德市土地资源资产价值量为 12.9 万亿元，水资源资产价值量为 1181.7 亿元，森林资源资产（含林地）价值量为 8.2 万亿元，矿产资源资产价值量为 6.5 万亿元。

1.1.2.5 深圳市自然资源资产负债表

深圳市自然资源资产核算体系与负债表是深圳市 2014 年重点改革任务。针对这一探路试点的改革任务，深圳市人居环境委员会依托深圳市环境科学研究院进行研究探索，形成了一套符合深圳市城市生态系统实际，具有较强科学性、可操作性、系统性、创新性的自然资源资产核算体系与负债表体系，以生态保护为重点的大鹏新区和工业发展为重点的宝安区，作为深圳市生态文明体制改革综合试点，开展了区级自然资源资产负债表编制与核算工作，已取得初步成果，为国内首创。

深圳市自然资源资产负债表系统，包括自然资源资产实物量表（存量表）、质量表、流向表、价值量表和负债表（损益表）5 大类表，每类表下分不同的子系统。负债表系统编制过程充分遵循了可核查、可报告、可考核的原则，主要包括林地、城市绿地、农用地、湿地、饮用水、景观水、沙滩、近岸海域、大气资源、可利用地等 10 大类指标。

深圳市自然资源资产负债表作为重要的领导干部离任审计内容，与离任审计制度紧密结合。该成果为摸清深圳市自然资源资产家底提供了一个较为完善的负债表体系，有利于对生态环境的损害价值进行合理评估和自然资源资产化管理，为领导干部自然资源资产离任审计提供了技术支撑。2014 年 11 月，深圳市审计局以《深圳市领导干部自然资源资产离任审计实施细则》为基础，在福田区、盐田区、大鹏新区、坪山新区和光明新区的区委书记、区长经济责任审计中同步开展党基于项目的自然资源资产审计试点。截至 2017 年 12 月底，深圳市完成了 4 位正厅级领导干部的自然资源资产离任审计、5 位职能局领导干部离任或任中审计、6 位办事处书记主任离任审计。

1.2 森林资源资产负债表的基本属性

1.2.1 相关主体

按照利益相关者理论，广东省国有林场和森林公园森林资源资产负债表涉及森林资源的所有者、管理者和使用者等基本主体。因此，明确主体之间的异同从而制定对应的研究策略，是开展广东省国有林场和森林公园森林资源资产负债表编制工作的第一步。通过明确的主体划分，有利于界定权责，进而对主体开展基于负债表的评价、审计工作，是建立权责清晰的森林资源管理体制的必要条件。

1.2.1.1　森林资源的所有主体

根据《中华人民共和国宪法》、《中华人民共和国森林法》、《中华人民共和国土地管理法》和《中华人民共和国农村土地承包法》等法律规定，我国林地实行社会主义公有制，即全民所有制和劳动群众集体所有制。全民所有（即国家所有）的林地、林木，其所有权由国务院代表国家行使，国务院是所有权的拥有者。国家依法将国有林地、林木无偿划拨或者有偿出让给企事业单位、个人或者其他组织，企事业单位、个人或者其他组织只是该林地、林木使用权的拥有者，只有依法经营管理权和收益权。劳动群众集体所有的林地、林木，其所有权归集体所有，企事业单位租借集体林地，林地的所有权性质不变，只是使用权变化，一般也只有依法经营管理权和收益权。由于当前广东省国有林场和森林公园现实中存在较多的历史问题，森林资源的权属并不完全清晰，集体林地、国有林地发证也并不完全，且国有林场和森林公园之间又存在着相互包含的关系，涉及的历史遗留问题较为复杂。因此本负债表不涉及林地的所有权主体，只针对森林资源的管理主体来开展负债表的设计工作。

1.2.1.2　森林资源的管理主体

根据本次负债表编制的对象，本书分别从广东省国有林场和森林公园两个主体视角开展研究。

1. 广东省国有林场

《国有林场管理办法》第二条提出"本办法所称国有林场，是指国家建立的专门从事植树造林、森林培育、保护和利用的具有独立法人资格的林业事业单位"。第四条提出"国有林场管理机构的主要职责是：（一）拟定、贯彻实施国有林场相关法律、法规；（二）协调编制国有林场发展规划；（三）组织编制并会同资源管理部门审批国有林场森林经营方案和国有林场森林采伐、抚育作业设计；（四）审核国有林场的设立、变更、分立、合并和撤销等事项；（五）受委托对国有林场森林资源资产进行监管；（六）受委托对国有林场森林资源资产评估进行核准或备案；（七）指导和检查考核国有林场生产经营活动；（八）法律、法规规定的其他职责"。

《国有林场管理办法》表明，国有林场是受国家委托，依法经营管理和享受国有林地、林木收益的企事业单位，责任清晰、主体明确，因此建立基于每个国有林场的负债表，是开展全省国有林场森林资源精细化管理，做好省国有林场森林资源资产负债表的基础。因此，针对国有林场的特点，建立国有林场森林资源负债表体系更有利于全省国有林场的管理。

2. 广东省森林公园

《广东省森林公园管理条例》第二条提出："本条例所称森林公园，是指以森林资源为依托，具有一定规模和质量的森林风景资源与环境条件，按照法定程序批准设立，可供人们游览、休闲、科学考察和进行文化教育等活动的地域。"第六条提出："省林业行政主管部门负责全省森林公园管理工作；市、县（含县级市，下同）林业行政主管部门负责本行政区域内森林公园管理工作；发展改革、国土、环保、城乡建设、水利、文化、物价、工商、海洋渔业、旅游等有关部门按照各自职责，负责森林公园有关管理工作。"第二十条提出："森林公园管理机构负责组织实施森林公园总体规划，依法保护自然资源和开展日常管理工作；未设立森林公园管理机构的，森林公园开办者设立的管理组织（以下简称"管理组织"）应当在所在地县级以上林业行政主管部门的指导下负责森林公园的日常保护和管理工作。"

《广东省森林公园管理条例》表明，凡森林公园并非一定具有管理机构，同时由于森林公园级别的不同，其管理权属也并不一致，发展改革、国土、环保等有关部门按照各自职责均参与、负责森林公园有关管理工作。因此，广东省森林公园的负债表需与国有林场负债表有所不同，以体现出责任主体的区别，并按照省林业行政主管部门负责全省森林公园管理工作的要求，针对省级以上森林公园，建立基于森林公园的森林资源资产负债表。

以国有林场和森林公园为对象建立的两套负债表应用体系，是广东省森林资源管理职能的客观体现，反映了国有林场与森林公园在森林资源管理权责、管理模式的特点与差异，有利于解决当前部分地区国有林场、森林公园在空间上存在包含、交叉等的现实问题。

1.2.2 质量特征

森林资源资产负债表不应是单一报表，从党的十八大政策和现实需求来看至少包括实物量表和价值量表，而且应从森林生态系统出发，将国有林场和森林公园内的主要资源种类（如森林资源、水资源等）分类编制森林资源资产负债表。资源种类不同，负债表的侧重点会略有不同。同时，森林资源资产负债表还应反映自然资源的存量和流量信息，森林资源的占有、使用、破坏等情况应在自然资源资产负债表中加以列示，从而为森林资源的管理提供有用信息。从信息质量特征来看，我们认为森林资源资产负债表提供的信息应满足相关性、可靠性、可比性、明晰性等特征。

相关性：主要是指森林资源资产负债表反映的信息应与森林资源资产负债表的使用者的决策需要相关。

可靠性：是指森林资源资产负债表中的数据是真实的，是基于对某一地区森林资源的实际状况而编制的。

可比性：要求各林场或森林公园上报的森林资源资产负债表的编报口径一致，便于进行不同地区之间的比较和同一地区不同时期的比较。

明晰性：要求森林资源资产负债表的列报方式清晰，便于报表使用者阅读和理解。

因此，森林资源资产负债表绝不是单一报表，而是需要构建一个完整的报表体系。

1.2.3　管理特征

《中共中央关于全面深化改革若干重大问题的决定》明确提出，"对领导干部实行自然资源资产离任审计"和"建立生态环境损害责任终身追究制度"是编制自然资源资产负债表的目的。基于此目的，森林资源资产负债表的定位应与自然资源资产负债表的定义一致，即"管理报表"（李春瑜，2014）。而从管理属性的视角来看，当前森林资源资产负债表编制基础的现实选择取决于对实现报表目的的迫切性、可行性与经济性的综合考虑。

1. 迫切性

对于编制森林资源资产负债表的目的，"对领导干部实行自然资源资产离任审计"是当前急需，而"建立生态环境损害责任终身追究制度"则是未来可待，原因是前者是后者的前提与基础。对于"对领导干部实行自然资源资产离任审计"来说，以实物量反映的森林资源数量与质量状况显得更为重要，这要求以统计核算为基础编制实物量森林资源资产负债表；而对于"建立生态环境损害责任终身追究制度"来说，以价值量反映的森林资源资产与负债的价值量显得更为重要，这要求以会计核算（生态系统服务功能价值核算）为基础编制价值量森林资源资产负债表。据此，从迫切性来说，应重点放在以统计核算为基础编制的实物量森林资源资产负债表上，并辅以会计核算（生态系统服务功能价值核算）基础编制的价值量森林资源资产负债表。

2. 可行性

编制自然资源资产负债表涉及的问题系统而复杂，这不仅需要超前的理论储备和实践中长时序数据的积累，更需要自然资源价值评估方法上的突破。这也真实反映了当前编制自然资源资产负债表的方法落后于理论，而且受制于现实实践环境的双重困境（李清彬，2015）。但在森林资源中，由于林业体系长期以来的统计体系（一类、二类林业资源调查等），编制基于统计核算的森林资源资产负债表相对容易，且与现行体系接轨，更能够推动森林资源资产负债表的落地，因此森林资源资产负债表在现阶段切实可行。而基于会计核算（生态系统服务功能价值核算）编制的森林资源资产负债表存在资源权益难以界定、价值难以计量和负债项目难以确认等一系列技术难题，这导致其出现理论上论证可行，现实中难以实现的窘境。因此在实际操作中，应谨慎把握森林资源资产负债表的核算部分，在日后逐步完善并与国家标准接轨。

3. 经济性

负债表的经济性体现在两个方面，一是其本身报表的编制成本，二是报表的使用成本。数据的获取成本占森林资源资产负债表编制成本的绝大部分（汪佑德，2016）。复杂完备的报表对数据的数量与质量提出了更高的要求，这势必会增加报表数据的搜集与整理成本。同时，报表编制人员的数量与素质，同样影响报表的编制成本。报表在使用过程中，同样会产生成本，简洁易懂的报表使用成本较低。从经济性的角度而言，基于统计核算的森林资源资产负债表的编制成本与使用成本更低。因此在实际工作中，必须紧密结合森林资源规划设计调查等现有林业调查统计体系，来建立本森林资源资产负债表。

1.3　研究对象基本情况

广东省地处我国南部，地势北高南低，北依五岭，南邻南海。境内山地、平原、丘陵纵横交错，北部南岭地区以亚热带山地常绿阔叶林为典型植被，南部为热带常绿季雨林，主要以针叶林、中幼龄林为主。目前，全省森林面积达1.63亿亩[①]，森林覆盖率达58%以上。境内有植物7000多种，其中，木本植物4000多种，占全国木本植物的80%；陆生野生动物771种，包括哺乳类110种，鸟类504种，爬行类112种，两栖类45种，其中，19种被列入国家Ⅰ级重点保护陆生野生动物，94种被列入国家Ⅱ级重点保护陆生野生动物。

本书主要针对广东省境内217个国有林场和103个省属及以上的森林公园来开展相关研究。

1.3.1　广东省国有林场基本情况

广东省共有国有林场217个，大多分布在西江、北江、东江等主要江河流

---

① 　1亩 ≈666.7m²

域、蓄水水库周边和粤东、粤西、粤北重要山脉和沿海地区。全省国有林场总面积占全省林地总面积的 7.0%，共有林场职工 3.3 万人。国有林场森林覆盖率为 95.7%，活立木总蓄积量占全省总蓄积量的 8.8%。国有林场生态公益面积占总面积的 57%，生态公益林一、二类林面积所占比例为 71.1%，三、四类林面积所占比例为 28.9%。其中生态公益林中以自然保护区林和水源涵养林所占比例较大，分别为 19.5% 和 24%。

从功能上来看，粤北韶关市和清远市是连绵山体生态安全屏障主阵地，发挥着重要的生态屏障保护作用，分布有 59 个国有林场；湛江市东海林场、茂名市电白林场、阳江市阳江林场、江门市镇海林场、汕尾市湖东林场、汕头市黄花山林场等分布在沿海一带，对沿海地区防风固沙发挥着重要的作用。河源市新丰江林场、广州市流溪河林场、江门市河排林场、省天井山林场等分别为新丰江水库、流溪河水库、锦江水库、南水水库等 110 个水库保持优质水源提供了良好保障，这些水库是全省居民重要饮用水源；省西江林业局、省东江林场、韶关市曲江林场、潮州市韩江林场等分别在西江、东江、北江、韩江等 57 条江河流域的水土保持方面发挥了不可替代的作用，是广东省主要黄金水道的忠实守护者。

同时，由于森林茂密，国有林场范围保育了全省绝大部分野生动植物资源，是广东省珍贵的物种基因库。据不完全统计，国有林场有陆生野生动物 727 种，占全省陆生野生动物总数的 94%，其中国家 I 级重点保护陆生野生动物 19 种，占全省该级保护动物种数的 100%；国家 II 级重点保护陆生野生动物 84 种，占全省该级保护动物种数的 89%。野生植物 3889 种，占全省野生植物总种数的 63%，其中国家 I 级保护植物 7 种，占全省该级保护植物种数的 100%；国家 II 级保护植物 43 种，占全省该级保护植物种数的 90%。

国有林场经过数十年森林经营，以林地林木为基础形成了较为成熟的森林生态系统与和谐优美的森林风景，已成为我省生态文明建设示范基地建设和发展的重要平台。广东省 217 个国有林场（表 1-1）现建有 3 个国家级自然保护区（占全省面积 43%）、19 个省级自然保护区（占全省 37%）和 31 个市级与县级自然保护区，各类自然保护区面积为 248.7 万亩。建立了 13 个国家级森林公园（占全省面积 52%），38 个省级森林公园（占全省面积 51%），83 个市级和县级森林公园，是我省森林文化传播的重要阵地和市民热衷向往的休闲健身场所。国有林场利用其丰富的森林景观资源，不仅为人们休闲、游乐提供了重要场所，而且为提升城镇的品位和形象、改善经济发展环境和当地居民的生活环境发挥了不可替代的作用。

表 1-1　广东省国有林场区域分布情况

序号	市	县（区）	林场个数
1	省属林场	省属	10
2	广州市	市级	5
		花都区	2
		增城区	3
		黄埔区	1
		南沙区	1
3	深圳市	市级	0
		宝安区	1
4	珠海市	市级	0
		香洲区	1
5	汕头市	市级	0
		南澳县	1
		澄海区	2
6	佛山市	市级	1
		高明区	1
		三水区	1
7	韶关市	市级	6
		乐昌市	2
		南雄市	3
		曲江区	1
		仁化县	6
		始兴县	11
		武江区	2
		翁源县	2
		新丰县	4
		浈江区	1
8	河源市	市级	6
		连平县	2
		龙川县	1
		东源县	1
		紫金县	2
9	梅州市	市级	5
		五华县	1
		兴宁市	2
		大埔县	1
		丰顺县	2
		蕉岭县	2

序号	市	县（区）	林场个数
10	惠州市	市级	10
		惠城区	1
		博罗县	1
		龙门县	4
		惠东县	1
11	汕尾市	市级	6
		海丰县	2
12	东莞市	市级	6
13	中山市	市级	1
14	江门市	市级	7
		开平市	2
		台山市	2
15	阳江市	市级	2
		阳春市	1
		阳东区	1
16	湛江市	市级	3
		遂溪县	1
		廉江市	1
17	茂名市	市级	12
		化州市	2
18	肇庆市	市级	7
		怀集县	11
		封开县	3
		高要区	1
		德庆县	1
19	清远市	市级	12
		阳山县	2
		连南瑶族自治县	1
		连山壮族瑶族自治县	2
20	潮州市	市级	2
		潮安区	1
		饶平县	1
21	揭阳市	市级	3
		揭东区	1
		揭西县	3
22	云浮市	市级	5
		新兴县	1
		郁南县	1
合计			217

1.3.2 广东省森林公园基本情况

截至 2016 年年底，全省已设立各级森林公园 1351 处，总面积为 123.05 万 hm²，占全省土地总面积的 6.8%，林业用地面积的 11.2%。其中国家级 24 处（表 1-2），面积为 20.62 万 hm²；省级 79 处，面积为 11.73 万 hm²；市县级 569 处，面积为 82.09 万 hm²；镇级 679 处，面积为 8.61 万 hm²。森林公园遍布全省 21 个地级市，保存了我省重要的森林风景资源，是我省重要保护地类型。

表 1-2 广东省已批建国家级森林公园

序号	森林公园名称	所在地	面积（hm²）
1	广州市流溪河国家森林公园	广州市从化区流溪河林场	9 333.33
2	广东梧桐山国家森林公园	深圳市沙头角	678.00
3	小坑国家森林公园	韶关市曲江区小坑镇	16 700.00
4	广东南澳海岛国家森林公园	南澳县	1 373.33
5	南昆山国家森林公园	龙门县	2 000.00
6	南岭国家森林公园	乳源瑶族自治县	27 333.33
7	韶关国家森林公园	韶关市南郊 2km	2 010.73
8	新丰江国家森林公园	河源市东源县	4 479.47
9	西樵山国家森林公园	佛山市南海区	1 400.00
10	广东石门国家森林公园	广州市从化区	2 636.00
11	圭峰山国家森林公园	江门市新会区	3 550.00
12	英德国家森林公园	英德市	107 000.00
13	广宁竹海国家森林公园	广宁县	8 500.00
14	北峰山国家森林公园	台山市	1 161.60
15	大王山国家森林公园	郁南县	806.00
16	神光山国家森林公园	兴宁市	674.60
17	广东御景峰国家森林公园	惠东县梁化林场	1 333.33
18	广东观音山国家森林公园	东莞市	657.18
19	三岭山国家森林公园	湛江市	738.79
20	雁鸣湖国家森林公园	梅县区雁洋镇	769.8
21	广东天井山国家森林公园	省天井山林场（乳源瑶族自治县）	5 564.1
22	大北山国家森林公园	大北山林场（揭西县）	3 067.2
23	广东镇山森林公园	蕉岭县	2 177.37
24	南台山森林公园	梅州市平远县大柘镇	2 073.2

经过 30 多年的发展探索，基本形成了以国家级森林公园为骨干，省市（县）级不同层次森林公园相互协调发展的建设管理体系。这一体系的建立与发展，有效保护了我省多样化的森林风景资源和自然文化遗产，促进了生态建设和自然保护事业的发展，推动了林区产业结构的合理调整和林业对森林风景资源的经济利用方式的转变，摆脱了长期困扰林业发展的消极保护与单一利用模式，走出了一条不以消耗森林资源为代价，充分发挥森林的社会、经济和生态三大效益，促进林业全面可持续发展的新路子，成了区域经济发展的动力。到森林公园旅游，唤起人们保护森林、保护生态的意识，森林公园已成为展示广东省森林风景资源建设和保护的窗口，森林旅游接待人次逐年增长。2016 年，全省森林公园共接待游客 1.98 亿人次，森林旅游收入 30.15 亿元，森林旅游创社会综合产值约 220 亿元。全省森林公园职工 1.6 万人，社会从业人员 4.9 万人。全省城郊森林公园 900 多处，约有 550 处免费向市民开放，每年为上亿人次的市民、游客提供了良好的休闲、健身、观光和科普教育等服务，充分展现了林业的社会效益、经济效益和生态效益。

第 2 章

森林资源资产负债表
基本概念辨析

2.1　森林资源资产负债表的概念内涵

2.1.1　森林资源资产负债表的理论演化

探索编制自然资源资产负债表自党的十八大以来已成为国家和地方在自然资源管理研究上的一个新热点，涉及会计、审计、统计、环境等诸多领域，虽然这些自然资源资产负债表相关的研究和实践具有重要的参考和借鉴价值，但对于广东省森林资源资产负债表的编制，这些经验不能简单照搬，必须紧紧把握负债表在森林资源管理中的目标定位，厘清与其他研究的异同。

2.1.1.1　环境会计

在现有的会计核算体系中，与自然资源资产负债表相贴近的是环境会计的概念。环境会计是相对于传统会计而言的，在我国的发展过程中，由于自然资源损耗对于各类组织而言是一种外部成本，在国有自然资源低价甚至无偿取得的情况下，极容易导致资源开发利用的浪费和低效率，因此针对这一现象的反思和思考，发展出了涉及资源损耗的传统会计（周守华和陶春华，2012）。针对环境会计的研究当前分为两个流派。一是以政府部门、行业组织和准则制定机构为代表的实务界，更多地就如何开展环境事项的财务报告进行研究。例如，美国财务会计准则委员会（FASB）发布了一系列针对环境事项的准则和指南，包括《石棉清理成本的会计处理》和《环境负债会计》等。联合国国际会计和报告标准政府间专家工作组（ISAR）相继发布了《环境会计和报告的立场公告》和《环境成本和负债的会计和财务报告指南》。美国注册会计师协会（AICPA）发布了《环境负债补偿状况报告》；加拿大特许会计师协会（CICA）比较系统地研究了环境问题，其主要研究成果包括《环境成本与负债：会计与财务报告问题》《环境审计与会计职业界的作用》《环境绩效报告》《完全成本环境会计报告》等（黄溶冰和赵谦，2015a）。二是以美国为代表的学术界，主要开展以实证为主的研究，更多的是从经济或财务视角研究环境事项及相关信息披露的经济后果，因而环境因素只是他们理论研究的变量而已。国内学者对环境会计的研究还包括建立一套独立于财务会计之外的企业环境会计体系，重点研究了环境会计假设、环境会计目标、环境会计对象、环境会计要素、环境会计计量、环境会计报告等（许家林，2000；袁广达，2010；肖序和郑玲，2011）。1995 年 9 月，世界审计组织（INTOSAI）在开罗召开第十五届大会，正式将环境和可持续发展问题的审计列为主要议题。

当前我国环境会计的研究主要针对区域的微观层面，对宏观层面的探讨较少，也未建立起有助于实现经济社会可持续发展的宏观环境会计框架（杨世忠和曹梅梅，2010）。据统计，包括我国在内的各国最高审计机关开展的环境审计项目已超过 2000 项，涉及能源、水、固体废弃物、采掘业、大气、生物多样性等所有重要的生态环境领域。在具体操作中，环境会计的核算对象主要是企业的资源环境活动及有关的经济活动，而环境审计重点检查国家资源环境政策法规贯彻落实、资金分配管理使用和资源环保工程项目的建设运营情况，这与自然资源资产负债表在核算对象和审计对象之间存在一定的分离（黄溶冰和赵谦，2015a）。

2.1.1.2　绿色国民经济核算

绿色国民经济核算则是另一类引入了资源、环境和生态因素的经济核算体系，是对传统国民经济核算体系缺陷的重大改进和完善（王金南等，2005）。随着可持续发展理念的兴起，一些经济学家和统计学家开始尝试将环境要素纳入国民经济核算体系，并衍生出一些新的概念，包括自然资源核算、环境污染核算、绿色国民经济核算等。其中绿色国民经济核算，也称环境与经济综合核算或经资源环境核算调整的 GDP 核算，是在传统国民经济核算体系基础上，通过考虑自然资源耗减、环境污染和生态破坏对于经济增长的制约，将经济活动中自然资源的耗减成本与环境污染代价予以扣除，客观描述资源、环境与经济增长之间的相互关系，为可持续发展的分析、决策和评价提供依据。资源与环境核算主要以两种方式纳入传统的国民经济核算体系——通过卫星账户的形式与主体账户建立连接，或者将资源、环境信息与经济信息整合起来，全面嵌入国民经济核算体系中（冯俊和孙东川，2009）。

国际上自 20 世纪 90 年代开始就展开了相关研究，联合国等国际组织和美国、加拿大、荷兰、菲律宾等国家先后开展了绿色国民经济核算的探索，主要的综合核算体系包括环境与经济综合核算体系（SEEA）、环境与自然资源核算计划（ENRAP）、欧洲环境的经济信息收集体系（SERIEE）和环境账户的国民经济核算矩阵体系（NAMEA）等（周国梅和周军，2004）。2006 年 9 月，国家环境保护总局（现环境保护部）和国家统计局联合发布了《中国绿色国民经济核算研究报告（2004）》，这是迄今为止我国唯一一次以政府名义公开发布的绿色 GDP 核算报告。我国学者还从多角度对环境与经济综合核算在水、森林、能源等领域的具体应用进行了研究（王金南等，2009）。

绿色国民经济核算主要反映一个时期的流量概念，其核心结果是经资源耗减、环境污染调整的绿色 GDP 核算。而自然资源资产负债表核算的主要目的是揭示特定地区特定时点的自然资源存量及其变动情况，核算自然资源资产数量的增减和质量好坏的变化，最终目的是反映各级政府负责管理的自然资源资产的"家底"。因此，绿色国民经济核算无法替代自然资源资产负债表核算，自然资源资产负债表是对绿色国民经济核算的进一步拓展（黄溶冰和赵谦，2015a）。

2.1.1.3 国家资产负债表

国家资产负债表（national balance sheet）是将一个经济体视为与企业类似的实体，将该经济体中所有经济部门的资产（生产性和非生产性、有形和无形、金融和非金融）及负债分别加总，得到反映该经济体总量（存量）的报表。国家资产负债表并非一个新的经济学概念，在一些国家已经成为国民经济核算体系的重要组成部分（黄溶冰和赵谦，2015a）。

20 世纪 60 年代，美国耶鲁大学教授 Goldsmith（1962）即开始研究国家资产负债表。20 世纪 70 ～ 80 年代，英国、加拿大、瑞典、澳大利亚、捷克等国的经济学家纷纷开始编制本国的国家资产负债表，国家资产负债表框架成为研究宏观经济、评估主权债务风险和分析经济周期问题的工具。20 世纪 90 年代，经济学家又开始研究政府或公共部门资产负债表，在若干已经发布了政府或公共部门资产负债表的国家，公共部门的资产不但包括金融资产（存款、政府持有的股份和其他有价证券等），而且包括实物资产，如建筑物、森林、矿产和土地资源等。

我国国家资产负债表的研究与编制工作起步较晚。虽然国家统计局曾于1997 年和 2007 年先后出版了《中国资产负债表编制方法》，但迄今为止，中国官方资产负债表仍处于试编阶段。近年来，针对中国地方政府融资平台的债务问题，一些国外研究机构和投资银行开始唱衰中国，2011 年开始，由中国社会科学院副院长李扬研究员、中国银行首席经济学家曹远征博士、德意志银行大中华区首席经济学家马骏博士分别牵头的三支研究队伍，几乎同时开展了对中国国家资产负债状况的研究，并先后发表了基于民间的中国国家资产负债表研究报告。其中，对于资源性资产的价值估算，三份研究报告并不一致，例如，李扬等（2013）根据世界银行 2001 年估算的中国林木资源、非林木资源、耕地、牧场及保护区的资源总价值，考虑货币时间价值因素，估算出 2011 年我国资源性资产总价值为 2.16 万亿元。马骏等（2012）则根据各级政府土地储备中心所持有的土地使用权价值，估算出 2010 年我国土地资源总价值为 6 万亿元。

2.1.1.4 森林资源资产负债表

根据党的十八大精神，中央层面编制国家自然资源资产负债表，具有展示、促进政府管理等方面的作用，是《中共中央关于全面深化改革若干重大问题的决定》的要求，更是生态文明建设、绿色发展的抓手。在生态文明建设中，自然资源资产负债表是构建政府宏观环境会计体系不可缺少的环节，自然资源资产负债表重点反映某一时点自然资源资产的存量、流量概念，编制自然资源资产负债表并开展自然资源资产离任审计，定期核算自然资源资产的变动情况，有助于全面反映政府对各项自然资源占有、使用及管理绩效，促进领导干部树立科学发展的政绩观，从而进一步深化生态文明建设。

森林生态系统是陆地生态系统中面积最大、生物种类最丰富、功能最完善的一种以森林为主体的自然生态系统，是我国自然资源资产的主要构成部分。因此，森林资源资产负债表在自然资产负债表中的地位不言而喻。但从当前基于自然资源资产负债表的编制研究情况来看，尚缺乏能直接应用于森林资源资产负债表编制的科学的方法和手段。因此，界定森林资源资产负债表的相关概念，明确森林资源资产的内涵，厘清森林资源资产负债表和其他相关概念，是编制广东省国有林场和森林公园森林资源资产负债表的核心所在。

2.1.2 森林资源资产负债表的相关概念

2.1.2.1 自然资源资产

自然资源是指存在于自然界中能够为人们所开发利用来满足其生产、生活需要的物质和能量。按其属性，可将自然资源划分为土地资源、森林资源、水资源、矿产资源、动植物资源等；按其生产循环，可将其划分为可再生资源和不可再生资源两大类（刘映锋，1999）。自然资源资产是在自然资源概念的基础上发展起来的，当前有关自然资源资产的概念尚未统一，表2-1是有关自然资源资产的定义汇总。

表2-1　自然资源资产定义表

研究者	自然资源资产概念
钱阔、陈绍志	在人们现有理论和现实科技水平下，其开发利用能带来一定经济价值的自然资源，可称为自然资源资产
许家林	自然资源资产是自然界长期自身运动所形成的资产，它是人类社会赖以生存发展的物质条件以及经济社会发展的物质基础
姜文来、吴海涛	不是所有的自然资源都是自然资源资产，只有同时具有稀缺性和明确的所有权的自然资源才是自然资源资产
联合国环境规划署	人类在自然环境中发现的各种成分，只要它能以任何方式为人类提供福利都属于自然资源资产

多年来，国内外许多研究者认为姜文来、吴海涛等对自然资源资产概念的定义较为合理。但根据党的十八届三中全会所通过的《中共中央关于全面深化改革若干重大问题的决定》，生态系统和环境资源，如水流、森林、山岭、草原、荒地、滩涂等被列入了自然资源资产范畴。因此最新研究更加倾向于联合国环境规划署关于"人类在自然环境中发现的各种成分，只要它能以任何方式为人类提供福利都属于自然资源资产"的定义，认为该观点更加准确地体现了

自然资源资产的内涵及外延，准确地反映了自然资源资产的内在本质。

2.1.2.2 森林资源资产负债表

森林资源是自然资源的一个大类，编制森林资源资产负债表则是自然资源资产负债表在森林资源领域的具体实践。目前学术界针对自然资源资产负债表这一概念的理解，主要围绕着联合国环境经济核算体系（SEEA2012）和国民经济核算体系（SNA2008）呈现出两种视野。一种是以会计学中负债表为工具，将自然资源作为核算对象，反映自然资源资产、净资产和负债的报表，该类报表侧重于价值核算，将自然资源价值纳入国民经济体系，并通过"资产＝负债＋净资产"的会计恒等式反映出权利与责任、权利与义务之间的经济关系（杜方，2015）。另一种侧重于自然资源实物计量，主张自然资源资产负债表是显示某地区自然资源状况的报表，并同时反映自然资源各要素的实物量情况、质量情况、流量情况、价值量情况和负债情况（陈艳利等，2015；刘大海等，2016）。而无论从何种角度来看，两者都是利用会计学中资产负债表的工具，达到展示自然资源状况的目的。广东省国有林场森林资源资产负债表则是这一概念在森林资源领域的延伸，即参考会计学中的资产负债表，对广东省国有林场的森林资源资产进行分类核算生成报表，以展示我省国有林场森林资源资产在某时点的存量、价值信息和某时段的流量、负债信息。

2.1.3 森林资源资产的内涵

要辨析国有林场森林资源资产负债表的内涵，首先要厘清主体——国有林场与客体——森林资源的关系，这两者的关系进一步解释为人与自然资源之间的关系。

2.1.3.1 人与自然资源的主客关系

人与自然资源的相互关系问题可以简化为人与生态环境之间的关系。从生态学角度来看，环境是以一定的主体来定义的，即"以生物为主体的生态"，因此按照生态哲学的理念，人既是认识的主体，又是实践的主体，人的活动（实践）是主体与客体相互作用的过程。

2.1.3.2 人与自然资源的价值关系

余谋昌（1988）认为，人与自然（主体与客体）的价值关系大体上有三种情况：一是利用良好的自然条件和自然资源，使其更好地提供人类必要的生存条件和所需产品，实现客体对人类的价值；二是改造不利的自然条件，如治理沙漠、开发土地、综合利用生产废弃物等，提升客体对人的价值；三是人类不合理的活动造成环境污染和生态破坏，造成了客体对人的价值的丧失。因此，要实现自然生态系统对人的价值，人必须开展对自然的实践（保护和管理），即保护良好的资源、提升不好的资源、管理人的破坏活动，其本质上是将自然生态系统塑造为使人类可持续利用的必要手段。

2.1.3.3 人与自然资源的可持续发展关系

一般认为，可持续发展分为"外部响应"和"内部响应"，分别对应"人与自然"和"人与人"之间的关系。其中，"外部响应"即"人与自然"之间的关系可以认为是可持续能力的"硬支撑"。人的生产和生活离不开自然界所提供的基础环境，包括空间环境、气候环境、水环境、生物环境等，离不开各类物质与能量的资源保证，离不开环境容量和生态系统服务的供给，离不开自然演化进程所带来的挑战和压力，甚至人本身也是自然进化的产物。如果没有人与自然的和谐相处，没有人与自然的协同进化，没有一个环境友好型的社会，就不可能有人的生存和发展，当然就更谈不上可持续发展。因此，只有当人类向自然的索取能够与自然给人类的回馈相平衡的时候，可持续发展的"外部响应"才能得到满足（牛文元，2012）。

2.1.3.4 国有林场、森林公园与森林资源

国有林场是指国家建立的专门从事植树造林、森林培育、保护和利用的具有独立法人资格的林业事业单位；森林公园是重要森林风景资源、自然文化遗产的保护载体，是发挥森林的社会效益、经济效益和生态效益三大效益，促进林业全面可持续发展的主要平台。

综上分析可以得出，国有林场、森林公园是管理重要森林资源的组织单位，是管理、保护、利用森林资源的主体，通过保护良好的森林资源、提升不好的森林资源、管理由人为或自然对森林资源带来的破坏，最终推动林区产业结构的合理调整和利用方式的转变，使得森林资源的生态系统服务供给达到动态平衡，实现森林资源全面可持续发展。

根据联合国世界环境与发展委员会的定义，可持续发展是在满足当代人需要的同时，不损害人类后代满足其自身需要的能力。一般研究认为（牛文元，2012），可持续发展分为"外部响应"和"内部响应"，其中的"外部响应"即"人与自然"之间的关系，自然界通过提供人类所需的基础环境（包括空间环境、气候环境、水环境、生物环境等）促进人类的生存与发展，而只有当人类向自然的索取能够与自然给人类的回馈相平衡的时候，可持续发展的"外部响应"才能得到满足，即达到可持续发展的状态。因此，可以说人类向自然的索取与

自然给人类的回馈相平衡是人类实现可持续发展的必要条件。

　　国有林场森林资源资产负债表的框架体系是其内涵的具体展现，因此框架体系的构建必须紧紧把握实现这一平衡，即通过负债表摸清广东省国有林场森林资源资产的家底、变动及负债情况，评价其可持续发展状态，更深层次展示国有林场与森林资源的二元关系。因此，森林资源资产负债表的内涵有两个层次：一是展示森林资源权益主体在某一地区森林生态系统内的自然资源状况的报表；二是能够反映当前森林资源状况可持续发展状态，明确当下情境与可持续发展状态之间的（负面）偏离，即对未来森林资源未来发展情境的"负债"。

　　综上，对广东省国有林场森林资源资产负债表的概念和内涵作进一步的明确：广东省国有林场和森林公园森林资源资产负债表——用于展示广东省国有林场森林资源资产状况及森林资源"负债"状态的报表；森林资源资产——由国有林场负责管理的森林生态系统内，预期能够带来经济效益或生态效益的稀缺性自然资源；森林资源资产负债——保持森林资源可持续发展状态，实现森林资源的生态系统服务供给平衡所需承担的现实义务。

2.2　森林资源资产负债

2.2.1　可持续发展、环境承载与负债

　　编制国家或企业资产负债表时，一般包含资产、负债、净资产 3 部分要素，并运用"资产＝负债＋净资产"的形式，而在自然资源资产负债表中是否存在负债及这类平衡关系，则存在争议。黄溶冰和赵谦（2015a）等部分学者认为自然资源资产负债表是一种以自然资源为核算对象，衡量自然资源资产、净资产和负债的报表，需要建立自然资源负债的概念，自然资源负债是指为治理生态系统或恢复自然资源状态、实现可持续发展所需要付出的代价，自然资源净资产即自然资源资产扣除自然资源负债后的剩余权益；还有耿建新等（2015）学者主张暂不能确定自然资源负债，也无法直接得到自然资源净资产，只存在自然资源资产，应采用 SEEA2012 将自然资源资产根据来源与用途，通过"资产来源＝资产运用"的形式反映出各要素相互制约的平衡关系。

　　因此，如何围绕保持森林资源可持续发展的目标进一步定义"负债"，是森林资源资产负债表编制的关键问题。可持续发展包含了资源环境、经济和社会的可持续性，其目标是保证社会具有长期的可持续发展能力，确保人类社会经济与环境协调，而资源环境承载力正是衡量人类社会经济与环境协调程度的

标尺，能够将资源环境与经济、社会发展之间的内在联系准确地表达出来（蒋辉和罗国云，2011）。在这一概念的影响下，高敏雪（2016）、刘大海等（2016）一批学者，主张在资源资产负债表中"重点关注经济活动过程中的资源消耗，尤其是过度消耗，将资源过度消耗视为'欠账'，进而定义为对未来的'负债'、对环境的'负债'，以此为核心形成自然资源资产负债表"。通过运用资源环境承载力的概念定义负债表中的"负债"，进而以"负债"去标量可持续发展的"度"，即寻求负债表中某项资产其承载力的"阈值"，是该类理论的核心。

作为衡量"负债"的资源环境承载力，其本身的评价具有尺度的概念，以不同尺度评价得到的结果差异甚大，甚至完全不同（郭建军等，2014）。在宏观上，资源环境承载力表征的是生态系统的自我维持、自我调节能力，资源与环境的供应与容纳能力及其可维持的社会经济活动强度和具有一定生活水平的人口数量。对于某一区域，生态承载力强调的是系统的承载功能，而突出的是对人类活动的承载能力，其内容包括资源子系统、环境子系统和社会子系统。然而针对本研究的对象——国有林场而言，其本身是国家建立的专门从事植树造林、森林培育、保护、利用，以提供生态产品为主体功能的区域，该区域内的资源环境是为了满足更大尺度上的人类活动需求，若仅以该区域的资源子系统、环境子系统和社会子系统作为对象，探寻其资源环境的"过度消耗"，必然导致底线过低，结果过大。因此，对于本研究的对象而言，将资源过度消耗视为"欠账"，将承载力的"阈值"定义为"负债"是不准确的。

为此，本研究提出，存在以本底为基础的森林生态系统服务供给平衡，即在某一时点（本底）后的任意时间尺度内，"本底"森林生态系统所生产、提供的生态产品"增量"满足了人类的活动需求，支撑了社会的发展，反过来人类的活动仅仅以消耗"增量"为限度，不影响"本底"状态的一种动态平衡模式。在此基础上，定义在此情境下的"负债"即破坏该平衡的因，即消耗超过"增量"而造成了"本底"资产损失，负债值的大小即为"平衡"的偏离程度。因此，将反映森林生态系统可持续发展的核心指标作为负债指标，以资产减少作为负债，以维护动态平衡作为负债偿还的目的。

2.2.2 负债指标的选择与负债值定义

根据2.2.1部分对负债的定义，自然资源资产负债表中存在负债，其核心内涵为当下造成的结果使得森林生态系统在当前情境下发生的（负面）偏离，定量表述为弥补"期末"相对"期初"情境发展损失所需的可偿还资产，因此可以得出"期末资产－期初资产＝负债"，即"负债＝资产减少"。但若仅仅如此，那么所有资产项都可以产生负债，所有资产减少都是负债，这显然有悖于负债表设计的目的和森林资源经营管理的初衷。因此，就负债表的两个核心要素——负债指标选取和负债值定义，还需进行进一步的讨论。

就负债指标的选取来说：①森林生态系统中包含了森林资源、湿地资源、动植物资源等各类资源，各类资源产生资源减少后的可偿还程度、难易不同，如林地面积与林分郁闭度等；②并非所有的资产减少都需偿还，即并非所有的森林资源资产评价指标均有负债。这是由于森林生态系统发展过程中存在复杂的化学、物理、生物过程，这些过程本身又相互关联、相互影响，因此其中必然存在着一批关键"特征指标"或者"特征资产"总体代表着森林生态系统的可持续发展水平。从上述两个特点来说，这类列入负债项的森林资源资产评价指标具有如下特点：一是指标总体具有代表性，总体反映森林生态系统的健康状态；二是与其他指标具有相关性，与其他指标相互补充，共同反映森林生态系统的健康状态，是多种森林生态系统服务功能价值核算中的高频指标；三是具有指示性、敏感性的指标，也就是森林生态系统可持续发展的"阈值"因素。

就负债值定义来说：①广东省国有林场森林资源资产负债表的概念内涵表明了负债表的设计是为了更深层次展示国有林场与森林资源的二元关系，是展示森林资源权益主体在某一地区森林生态系统内的自然资源状况的报表，而广东省国有林场对森林资源资产管理权的行使在一定程度上受上级管理意志的影响，所以负债必须紧紧围绕负债表应用对象这一权益主体展开，其值的大小必须基于国有林场的管理权限。②由本研究的流向表可知，森林生态系统中的自然资源资产减少流向主要分为人为干扰和自然干扰两大类、12 小类，有必要在负债表中按流向区分由上级人为原因导致的资产减少和本级产生的资产减少，依此定义什么是负债并界定责任。

结合上述分析可以得出：资产负债表是用负债反映森林资源的可持续发展状态，展示某一时点森林资源需偿还负债、结构及偿还主体。其指标是代表着森林生态系统可持续发展水平的特征指标、阈值指标，其值的大小为负债指标由于非上级原因产生的资产减少。

2.3   其他关键问题

2.3.1   负债偿还与负债表计量

负债意味着偿还，在广东省国有林场森林资源资产负债表中的负债可以通过减少下期实际资源消耗或在下期增加资源资产来偿还。需要特别说明的是，与企业会计及国民经济核算不同，本负债表体系中的实物量表、质量表、流向表和负债表的定义及填报都是在实物计量层面完成的,并在价值量表中对资产进行统一的货币化展示。这是由于对森林资源管理而言,实物量是最直观、与管理最贴近的表达方式,其存量、流向本身可以直接用实物单位计量,同时,对于因供需动态平衡破坏而发生的对环境"负债",由于每一种资源在管理上都具有单一不可替代性,单项指标产生的负债只能由其本身通过减少下期实际资源消耗或在下期增加资源资产来偿还,因此也不具备货币价值加总的必要(高敏雪,2016)。

2.3.2　负债表平衡

与国家或企业资产负债表不同的是,本负债表体系下的"负债"是由于森林资源资产供需的动态平衡被打破,并非外借而来,而是通过前后期资产比较后得到的。虽然此处的负债仍需要偿还,但当期(期末)资产已经扣除了负债,不存在国家或企业资产负债表中的"资产-负债=净资产"概念。同理,根据负债值的定义,也不存在"期末资产-期初资产=负债"的等式关系。在本负债表中,流向表负责解释资产的变动与去向,不仅有"期末-期初=流向"的平衡,更具有矢量的概念,而负债则是从森林资源供需动态平衡的维度反映森林资源资产管理者的"债务"情况,是权责关系的体现。

2.3.3　负债表记账制度

按照传统的会计记账制度,目前有权责发生制和收付实现制两种制度,其中企业采用权责发生制,以收入权利和支出义务的实际发生作为确认标准,权责发生制能够更好地反映债权债务关系;收付实现制则简便易行,以款项的实际收付作为确认标准,适用于业务比较简单和应计收入、应计费用、预收收入、预付费用很少发生的企业及机关、事业、团体等单位(李晓华,2004)。将本森林资源资产负债表的特征与国民资产负债表相比,不难发现,森林资源资产负债表既无法沿用传统国民资产负债表的要素形式,也无法采用已有的会计记账制度。一方面,由于负债的可偿还性及每种资源在管理上的单一不可替代性,不能简要地对自然资源资产负债表用会计思想进行恒等式来反映平衡关系;另一方面,由于森林资源资产负债表与会计体系不同,其"期初"、"流向"与"期末"数据均来自于林业、环境数据的采集、填报,本身具有收付实现制的即时特点,同时又要求体现权责发生制的"债权债务关系",这本身就是相互矛盾的。因此,为了满足森林资源资产负债表的运用要求,本自然资源资产负债表采用的是有别于传统会计的记账制度,具有典型林学、生态学数据的获取特点。

第 3 章

森林资源资产负债表框架
与指标体系

3.1 森林资源资产负债表框架构建

3.1.1 基本要求

3.1.1.1 功能要求

广东省国有林场和森林公园森林资源资产负债表必须反映独立核算单位所管理的自然资源资产在某一特定日期（如月末、季末、年末）的全部资产、负债，表明国有林场、森林公园在一特定日期对森林资源资产的依法经营管理权和收益权，是一张揭示自然资源资产管理部门在一定时点自然资源资产状况的静态报表，可让所有阅读者于最短时间了解自然资源资产的现状，其应具备以下功能。

1）反映国有林场、森林公园森林资源资产的总量及其构成，在明确总量的基础上，分析并核算某一时点所拥有的森林资源资产的种类、数量及其质量情况，显示管理下森林资源资产的丰富程度、生态环境的优良程度和对自然生态环境的保护力度，反映生态文明建设的工作力度。

2）可以反映国有林场、森林公园森林资源的可持续发展状态，展示某一时点森林资源的需偿还负债及其结构，并反映其资产存量与负债的比值，了解国有林场、森林公园自然资源资产的构成信息。

3）反映国有林场、森林公园森林资源资产的变动状态，并揭示这些变化产生的人为原因、自然原因，并指明造成变化的人为原因来自于本级或者上级。

4）全面、科学地反映广东省国有林场和森林公园森林资源资产价值，货币化展示森林生态系统的实物量与生态系统服务功能，实现各种资产加总，以进行不同管理主体之间的资产比较。

3.1.1.2 结构要求

根据前文的研究内容，结合广东省国有林场和森林公园对森林资源资产的管理需求及负债表的功能要求，本研究采用资产存量表、资产质量表、资产流向表、资产价值量表、资产负债表共 5 张表，构建森林资源资产负债表系列。森林资源资产负债表结构上分为表首、正表两部分。其中，表首概括说明报表名称、编制单位、编制日期、报表编号、货币名称、计量单位等；正表为主体部分，列示了森林生态系统的自然资源资产实物量、流向、价值与负债等信息。

1）资产存量表：用资产存量表反映森林生态系统中所存在的自然资源资产，采用实物计量。

森林资源资产存量表反映实物数量情况，是自然资源资产核算和负债表编制工作的数量基础。

2）资产质量表：用资产质量表反映森林生态系统中所存在的自然资源资产质量，采用实物计量。

森林资源资产质量表反映了森林资源资产质量情况，是衡量资源价值的依据，是开展森林资源资产核算的先决条件；在森林资源资产核算时，首先要通过质量表反映质量的好坏，再通过质量价值关系将质量的好坏转化为价值的高低，最终核算出价值。

3）资产流向表：用资产流向表反映森林资源资产实物存量和质量变化的原因，同时也可以表明森林资源资产价值变化的客观原因，作为森林资源资产负债表的重要补充，为明确森林资源资产的责任划分提供了依据，采用实物计量。

4）资产价值量表：用资产价值量表记录当期森林资源资产的价值及其变化情况，包含森林资源资产的总价值、有形资产价值与无形资产价值，采用价值计量。

其中有形资产指自然资源的经济效益，无形资产指自然资源的生态效益及社会效益。

5）资产负债表：用资产负债表反映森林资源的可持续发展状态，明确当下造成的结果使得森林生态系统在当前情境下发生的（负面）偏离，展示某一时点森林资源的需偿还负债及其结构，采用实物计量与价值计量并存的方式。

3.1.2　编制要点

广东省国有林场和森林公园森林资源资产负债表的编制与林业、生态、经济、会计等多个领域有密切联系，需结合多种学科思想与方法，既要符合负债表编制基本规范，又要结合自身属性，更要具有实用性和可操作性。因此，编制自然资源资产负债表应遵循以下编制要点。

3.1.2.1　必须与森林资源核算水平相适应

由于森林资源资产负债表以森林资源为对象，因此研究森林资源资产负债表的框架结构必须与森林资源核算水平相适应，才能制定出科学的森林资源资产负债表框架结构。

森林资源具有生态、经济、社会文化等多种功能，以及动态、复杂、多样等鲜明特点，准确量化森林资源与经济活动的相互作用、相互影响存在较大的难度，对森林资源不同功能的估价也是当前的一项世界性难题。目前仅林地、林木资源和森林生态系统服务等方面的研究成果较为丰富，森林文化价值、动植物和微生物等其他森林资源价值研究仍待深入（杜丽娟，2002）。同时，在我国森林资源经营利用实行用途管制的背景下，无论林地租金还是林地市场流转价格，都不能完全反映林地的真实市场价值。核算的森林生态系统服务的价值，只是在目前技术手段条件下可测量的生态系统服务，不能完全涵盖森林生态系统的所有服务内容。

因而，设计森林资源资产负债表的框架结构必须与当前森林资源核算水平相适应，坚持循序渐进的原则，规定相应的核算内容。随着对森林资源认识水平的不断提高、科学技术的不断进步，森林资源生态系统服务指标及其他森林资源资产核算内容将不断更新与完善，森林资源资产负债表的内容和指标也将得到充实和丰富。

3.1.2.2　实现多学科理论有机结合

森林资源资产负债表涉及的内容很多，不仅是一张财务报表，还是管理报表，涉及生产经营、资源管理、森林资源再生产，以及森林生态效益和社会效益等各方面的内容。因此森林资源资产负债表的编制是一项复杂的系统工程，涉及的内容很多，需要多学科理论的支撑。森林资源资产负债表框架结构的设计，必须是多学科理论相结合的产物。在学科基础上不仅要依靠会计学，还要实现会计学与统计学的耦合，更要依靠生态学、林学、森林资源学等自然科学的理论，才能建立一个能够全面、科学反映森林资源拥有、消耗、增长变化的系统化森林资源资产负债表的框架结构。

3.1.2.3　多种计量方法相互依存

在计量方法上，坚持以"实物计量和价值计量"多属性计量，充分参考借鉴森林生态连清技术等林业领域方式方法，全面反映报告期内森林资源产量、消耗量、结余量情况，形成会计核算、统计数据和森林资源调查资料多种计量方法相互结合的方法体系。由于缺少成熟经验且存在估值技术与计量方法的难题，森林资源资产负债表框架结构的设计要遵循"先实物量核算后价值量核算，先存量核算后流量核算，先分类核算后综合核算"的原则，由点到面，由浅入深，渐进推动，逐步扩大核算范围，提高核算的精度。

3.1.3　构架体系

1. 资产存量表

如表 3-1 所示，用资产存量表反映森林生态系统中所存在的自然资源有形资产，反映实物结构，以及期初、期末的数量变动情况，存量表是自然资源资产核算和负债表编制工作的数量基础。

表 3-1　广东省国有林场森林资源资产存量表框架

编制单位：	编制日期：		报表编号：	
资源类型	评价指标	单位	资产存量	
			期初值	期末值
森林资源				
⋮	地类 有林地	hm²		
	……			

2. 资产质量表

如表 3-2 所示，用资产资产质量表反映森林生态系统中评价自然资源质量因素的期初值期、期末值变动情况。质量表是衡量资源价值的依据，是开展森林资源资产核算的先决条件。

表 3-2　广东省国有林场森林资源资产质量表框架

编制单位：	编制日期：		报表编号：	
资源类型	评价指标	单位	资产存量	
			期初值	期末值
森林资源				
⋮	森林覆盖率 林分郁闭度	% —		
	……			

3. 资产流向表

如表 3-3 所示，用流向表反映森林资源资产实物存量和质量在期初、期末之间所产生变化的去向和原因。将资产流向分为人为干扰和自然干扰两部分分别展示，并根据广东省国有林场的实际经营情况，将人为干扰按决策级别的不同分为上级干扰和本级干扰（林木采伐、人工造林），将自然干扰分为森林灾害和土地退化等。资产流向表作为森林资源资产负债表的重要补充，为明确森林资源资产的责任划分提供了依据。

表 3-3　广东省国有林场森林资源资产流向表框架

编制单位：　　　　　　　　　编制日期：　　　　　　　　　报表编号：

资源类型	评价指标	单位	资产流向												
			人为干扰				自然干扰								
			上级		本级			森林灾害			土地退化				
			变化量	变化原因	林木采伐	人工造林	其他原因		病虫害	生物入侵	森林火灾	气候灾害	石漠化	沙化	土壤污染	其他原因
							变化量	变化原因								变化量	变化原因
森林资源																
	林地															
⋮	商品林	hm²														
	……															

4. 资产价值量表

如表 3-4 所示，以货币统一纲量的形式记录期初、期末森林资源资产的价值及其变化情况，包含经济效益、生态效益和社会效益。在森林资源资产价值核算时，首先要通过质量表反映质量的好坏，再通过质量价值关系将质量的好坏转化为价值的高低，最终核算出价值。同时为了使各国有林场之间更具有可比性，在价值量表中增加了单位面积价值这项指标。

表 3-4　广东省国有林场森林资源资产价值量表框架

编制单位：　　　　　　　　　编制日期：　　　　　　　　　报表编号：

评价指标	期初单位面积价值	期末单位面积价值	期初价值	期末价值
经济效益				
森林资源				
林地资源				
……				
生态效益				
……				

5. 资产负债表

如表 3-5 所示，用负债表反映森林资源的可持续发展状态，展示某一时点森林资源需偿还负债、结构及偿还主体。但如何在负债表中去具体量化森林资源的可持续发展状态，则是本研究需要进一步讨论的内容。

表 3-5 广东省国有林场森林资源资产负债表框架

编制单位：　　　　　　　　　　编制日期：　　　　　　　　　　报表编号：

资源类型	负债指标	单位	负债	资产负债率
森林资源				
⋮	……			

3.1.4　应用说明

森林资源资产负债表是反映森林资源资产的存量及其变动情况的统计报表。可以全面记录当期国有林场和森林公园对森林资源资产的占有、消耗、恢复和增值活动，评估当期森林资源资产实物量和生态系统功能服务量的变化。同时，该报表还有以下作用。

1. 评价森林资源资产的质量情况

森林资源资产总额越多，负债越少，表示现有的森林资源资产质量好，价值高，具有较强的支撑人类活动的功能。反之，则表示现有的森林资源资产质量差，价值低。

2. 揭示森林资源资产的生态系统服务功能效益高低

从有形资产与无形资产的比值，可以了解所管辖森林资源资产的质量好坏和效益高低，通过对各单项指标的比值分析，可以找出生态系统服务功能效益最高的森林资源资产类别；通过对各相关单位同一指标的分析，可以确定各森林资源资产管理部门管理效益的高低，判别各森林资源资产管理部门的工作成效。

3. 有助于评价森林资源管理投入的合理性

森林资源资产负债表中的流向表揭示森林资源资产实物存量和质量变化的原因，通过将管理投入形成的流向与管理投入相比，可以对比分析管理投入的合理性与产生的生态效益。

4. 政绩评价

森林资源资产负债表为领导干部自然资源资产离任审计提供了基础和依据，通过比较资产的变动、效益的高低、投入的合理性，综合评价领导干部在任期间对森林资源资产的管理绩效。

3.2　森林资源资产负债表指标体系研究

3.2.1　广东省森林资源现行监测统计概况

3.2.1.1　森林生态系统定位观测指标

森林生态系统定位观测指标体系是我国国家林业局中国森林生态系统定位观测研究网络（CFERN）的重要组分。从 20 世纪 50 年代末开始，国家结合自然条件和林业建设实际需要，在川西、小兴安岭、海南尖峰岭等典型生态区域开展了专项半定位观测研究，并逐步建立了森林生态站。进入 21 世纪后，依据《国家林业局陆地生态系统定位研究网络中长期发展规划（2008—2020 年）》，我国围绕森林、湿地、荒漠三大生态系统，按照相应的布局原则及建设内容，规划建设了 192 个生态站。截至 2013 年 12 月 31 日，已初步建设生态站 140 个，其中森林生态站 90 个，基本形成了覆盖全国主要生态区、具有国际影响的大型观测研究网络。目前，生态站网已成为研究样带典型区域生态学特征，监测我国森林、湿地、荒漠等陆地生态系统动态变化，为现代林业建设提供决策依据和技术保障的重要平台。围绕国家的森林监测站，广东省规划并建立了由 10 个生态站构成的广东省森林生态系统定位研究网络，并依托广东省林业科学研究院成立了网络管理中心。

森林生态系统定位研究的目的在于阐明森林生态系统的结构与水热条件、物质循环和能量流动、生物量与生产力及不同树种的种内和种间关系，为森林资源保护、合理经营利用、社会经济发展和环境建设提供科学依据。其包含了气象监测指标、森林土壤监测指标、健康与可持续发展指标、森林水文指标、森林群落学特征指标共五大类、77 项监测指标。

1. 气象监测指标

气象要素是森林生态系统重要的生态环境因子。在气象常规指标中，设计了天气现象、风、空气湿度、空气温度、地表和不同深度土壤的温度、大气降水、水面蒸发、辐射等内容（表 3-6）。该指标的设立可以满足以下需求：第一，森林小气候效应观测，包括森林对光照、温度、风、蒸发、湿度、森林自身的蒸腾和蒸发（二者之和为蒸散）的规律、降水的影响；第二，森林的能量平衡观测（即森林对太阳辐射能的吸收利用和转化的规律），包括森林的净辐射、空气增温、土壤温度等分量的变化规律；第三，结合森林水文指标的测定，可以了解森林的水量平衡，森林对大气降水的分配、移动、收支规律及其效应；第四，森林的动量平衡观测，包括森林对大气中的热量和水汽的影响等。

表 3-6　气象监测指标

指标类别	观测指标	观测频度
天气现象	云量、风、雨、雪、雷电、沙尘、气压	次/1 日
风	作用在森林表面的风速/风向	次/至少 3 日
空气温度	最低、最高、定时温度	次/1 日
地表温度	地表最低、最高、定时温度	次/至少 3 日
土壤温度	10cm、20cm、30cm、40cm 温度	次/至少 3 日
空气湿度	相对湿度	次/至少 3 日
辐射	总辐射、净辐射、分光辐射、日照、UVA/UVB	次/1h
大气降水	总量、强度	次/至少 3 日
水面蒸发	蒸发量	次/1 日

2. 森林土壤监测指标

森林土壤是森林生态系统的重要环境变量，又是森林生态系统的一个亚系统，是森林物质循环与能量流动的源和库，也是生物多样性演变的控制因素之一。从森林生态系统的角度分析，森林土壤随着森林生态系统的发展而演变，同时森林土壤的变化又在森林生态系统的演变中起着杠杆作用。如果对森林土壤资源利用不当，将造成森林土壤生态系统的失调，破坏森林生态系统的平衡，进而发生土壤退化、土壤污染、水土流失、次生盐渍化和沙漠化扩大等。因此，在土壤理化指标中主要监测森林枯落物、土壤物理性质和土壤化学性质三大类（表 3-7）。

表 3-7　森林土壤监测指标

指标类别	观测指标	观测频度
森林枯落物	厚度	次/1 年
土壤物理性质	土壤颗粒组成	次/5 年
	土壤容重	次/5 年
	土壤总孔隙度、毛管孔隙及非毛管孔隙	次/5 年
土壤化学性质	pH	次/1 年
	阳离子交换量	次/5 年
	交换性钙和镁（盐碱土）	次/5 年
	交换性钾和钠	次/5 年
	交换性酸量（酸性土）	次/5 年
	交换性盐基总量	次/5 年
	碳酸盐量（盐碱土）	次/5 年
	有机质	次/5 年
	水溶性盐分（盐碱土中全盐、碳酸根、重碳酸根、硫酸根、氯根、钙离子、镁离子、钾离子、钠离子）	次/5 年

指标类别	观测指标	观测频度
土壤化学性质	全氮、水解氮、亚硝态氮	次 /5 年
	全磷、有效磷	次 /5 年
	全钾、速效钾、缓效钾	次 /5 年
	全镁、有效镁	次 /5 年
	全钙、有效钙	次 /5 年
	全硫、有效硫	次 /5 年
	全硼、有效硼	次 /5 年
	全锌、有效锌	次 /5 年
	全锰、有效锰	次 /5 年
	全钼、有效钼	次 /5 年
	全铜、有效铜	次 /5 年

3. 健康与可持续发展指标

森林生态系统健康直接关系到人类的生存环境和地球的生态安全，也是国际上许多国家在制定森林可持续经营标准中经常使用的一个基本要素。我国是一个森林资源相对匮乏的国家，历史原因和不合理经营利用等因素，造成了森林生态系统不同程度的退化，因此研究森林生态系统的健康状况，开展健康与可持续发展指标监测（表 3-8），对保护现有森林资源和提高森林生态系统的结构、功能与质量，改善生态环境与可持续发展等都具有重要作用。

表 3-8　健康与可持续发展指标

指标类别	观测指标	观测频度
病虫害	有害昆虫与天敌种类	次 /1 年
	受有害昆虫危害的植株占总植株百分率	次 /1 年
	有害昆虫的植株虫口密度和森林受害面积	次 /1 年
	植物受感染的菌类种类	次 /1 年
	受到菌类感染的植株占总植株的百分率	次 /1 年
	受到菌类感染的森林面积	次 /1 年
水土资源的保持	林地土壤的侵蚀强度	次 /1 年
	林地土壤侵蚀模数	次 /1 年
污染对森林的影响	对森林造成危害的干、湿沉降组成成分	次 /1 年
	大气降水的酸度	次 /1 年
	林木受污染物危害的程度	次 /1 年
与森林有关的灾害发生	洪水、泥石流次数及危害程度，以及森林发生其他灾害的时间和程度，包括冻害、风害、干旱、火灾等	次 /1 年
生物多样性	国家、地方保护动植物的种类数量	次 /5 年
	地方特有物种的种类、数量	次 /5 年
	动植物编目、数量	次 /5 年
	多样性指数	次 /5 年

4.森林水文指标

森林水文研究是生态系统研究的重要组成部分，也是陆地水文学的一个研究领域。森林水文研究的重点是森林影响林地的水文现象、水文运动。森林对水的影响囊括水量和水质，森林不仅对降水径流、水循环及环境等具有调蓄、维持其良性循环的生态功能，而且对水化学物质具有物理的、化学的及生物的吸附、调节和滤贮能力。因此，作为森林水文观测指标至少要包括与森林中水分循环整个过程有关的水分收入和支出的各项要素，必不可少的指标要包括水分在森林中的再分配和森林水文效应的内容（表3-9）。森林的树种组成、群落结构和生物量差异，影响到降水的再分配，改变水分循环和水量平衡各分量的数量变化和运动规律；森林生态系统的林冠层、枯枝落叶层和土壤层具有特殊的结构和性质，可以改变降水和径流的化学成分。

表 3-9　森林水文指标

指标类别	观测指标	观测频度
水量	林内降水量	连续观测
	林内降水强度	连续观测
	穿透水	降水观测
	树干径流量	降水观测
	地表径流量	连续观测
	地下水位	每月 1 次
	枯枝落叶层含水量	每月 1 次
	森林蒸散量	每月 1 次 / 生长季 1 次
水质	pH、钙离子、镁离子、钾离子、钠离子、碳酸根、碳酸氢根、氯离子、硫酸根、总磷、硝酸根、总氮	每月 1 次
	微量元素（B、Mn、Mo、Zn、Fe、Cu）、重金属元素（Cd、Pb、Ni、Cr、Se[①]、As[②]、Ti）	有本底值以后 5 年 / 次

5.森林群落学特征指标

森林植物群落是指在特定的生境中，以林木为主体，包括与之相适应的其他植物在内的植物组合。在自然条件下，环境是筛选森林植物种类成分，控制其生长发育的重要因素。森林植物的生长发育，又影响到环境质量及其周围生物种群的变化。这些变化总伴随着物质交换与能量的流失过程，而这一流通过程则是植物群落建成和发展的基础。植物群落是生态系统的组成部分之一，以明显和易于量度的形式表现出了环境和历史因素的作用，所以对植被的分析可作为揭示生态系统中其他成分的有用信息手段，森林群落学特征指标详见表3-10。

---

① Se 为非金属，但因其化合物具有金属性质，此处将其看作重金属
② As 为非金属，但因其化合物具有金属性质，此处将其看作重金属

表 3-10　森林群落学特征指标

指标类别	观测指标	观测频度
森林群落结构	森林群落年龄	次/5 年
	森林群落的起源	次/5 年
	森林群落的平均树高	次/5 年
	森林群落的平均胸径	次/5 年
	森林群落的密度	次/5 年
	森林群落的树种组成	次/5 年
	森林群落的动植物种类数量	次/5 年
	森林群落的郁闭度	次/5 年
	森林群落的主林层的叶面积指数	次/5 年
	林下植被（亚乔木、灌木、草本）平均高	次/5 年
	林下植被总覆盖度	次/5 年
森林群落乔木层生物量和林木生长量	树高年生长量	次/5 年
	胸径年生长量	次/5 年
	乔木层各器官（干、枝、叶等）生物量	次/5 年
	灌木层、草本层地上和地下部分生物量	次/5 年
森林凋落物量	林地当年凋落物量	次/5 年
森林群落的养分	C、N、P、K、Fe、Mn、Cu、Ca、Mg、Cd、Pb	次/5 年
群落的天然更新	包括树种、密度、数量和苗高等	次/5 年

3.2.1.2　广东省森林资源二类调查

森林资源二类调查（简称二类调查）是以国有林场、自然保护区、森林公园等森林经营单位或县级行政区域为调查单位，以满足森林经营方案、总体设计、林业区划与规划设计需要而进行的森林资源调查。其主要任务是查清森林、林地和林木资源的种类、数量、质量与分布，客观反映调查区域自然、社会经济条件，综合分析与评价森林资源与经营管理现状，提出对森林资源培育、保护与利用意见。调查成果是进行森林资源管理的基础，也是实行森林生态效益补偿和森林资源资产化管理、指导和规范森林科学经营的重要依据。

调查基本内容包括各类林地的面积，各类森林、林木蓄积，与森林资源有关的自然地理环境和生态环境因素，森林经营条件，前期主要经营措施与经营成效等，辅以野生动植物资源调查、森林土壤调查、森林景观资源调查等。

1. 森林资源状况调查指标

在评价森林资源状况方面，二类调查主要对林地资源状况、林木资源状况、林分生长状况等方面进行统计调查。

（1）林地资源状况

按土地类型分类，二类调查对经营单位的林业用地（表3-11）和非林业用地进行统计。其中林业用地包括乔木林地、竹林地、灌木林地、疏林地、未成林造林地、苗圃地、迹地、宜林地等指标。

表 3-11　林业用地　（单位：hm²）

林业用地																		非林业用地			
				灌木林地					迹地				宜林地								
林地合计	乔木林地	竹林地	疏林地	小计	特殊灌木林地	一般灌木林地	未成林造林地	苗圃地	小计	采伐迹地	火烧迹地	其他迹地	小计	造林失败地	规划造林地	其他宜林地	非林业用地合计	森林面积	其中四旁面积	森林覆盖率（%）	林木绿化率（%）

林业用地按林种类型又可分为生态公益林和商品林（表3-12），主要包括特殊用途林、防护林、用材林、薪炭林、经济林等5类区划林种。

表 3-12　林种类型　（单位：hm²）

地类	区划林种面积合计	生态公益林			商品林											
		生态公益林合计	特殊用途林小计	防护林小计	商品林合计	用材林				薪炭林小计	经济林					
						小计	短轮伐期用材林	速生丰产用材林	一般用材林		经济林小计	果树林	食用原料林	林化工业原料林	药用林	其他经济用林
合计																
乔木林																
竹林																
特殊灌木																
一般灌木																
苗圃地																
其他迹地																
造林失败地																
其他宜林地																

（2）林木资源状况

在评价林木资源状况的指标方面，二类调查主要按优势树种、龄组结构、林种类型对活立木蓄积进行调查统计。以表3-13为例，从横向和纵向分别按优势树种和龄组结构对森林面积和蓄积情况进行统计，客观有效地表现了林木资源的实物量。

表 3-13　林木蓄积

优势树种(组)	活立木总蓄积(m³)	森林蓄积(m³)	乔木林												
			小计		幼龄林		中龄林		近熟林		成熟林		过熟林	
			面积(hm²)	蓄积(m³)	面积(hm²)	蓄积(m³)	面积(hm²)	蓄积(m³)	面积(hm²)	蓄积(m³)	面积(hm²)	蓄积(m³)	面积(hm²)	蓄积(m³)
合计														
杉木														
马尾松														
速生相思														
⋮														
针阔混														
阔叶混														
毛竹														
荔枝														
龙眼														
茶叶														
药用														

（3）林分生长状况

林分的生长率和生长量是反映林分生长状况的指标。二类调查中对乔木林按龄组结构和优势树种分别调查统计了林分的总蓄积、生长率和生长量（表3-14）。

表 3-14　林分生长情况

优势树种(组)	乔木林																	
	合计			幼龄林			中龄林			近熟林			成熟林			过熟林		
	总蓄积(m³)	生长率(%)	生长量(m³)	总蓄积(m³)	生长率(%)	生长量(m³)	总蓄积(m³)	生长率(%)	生长量(m³)	总蓄积(m³)	生长率(%)	生长量(m³)	总蓄积(m³)	生长率(%)	生长量(m³)	总蓄积(m³)	生长率(%)	生长量(m³)
合计																		
杉木																		
马尾松																		
湿地松																		
速生相思																		
其他软阔																		
枫香																		
其他硬阔																		
针叶混																		
针阔混																		
阔叶混																		

（4）森林保护效果

森林保护效果主要考虑对森林的人为扰动情况。二类调查中对林木砍伐、森林火灾、病虫害等方面对森林资源的影响情况进行了统计调查。具体见表3-15。

表3-15　森林资源变化

当年造林成活率85%以上面积(hm²)							乔木林皆伐		疏林皆伐		乔木林择伐			其他采伐	森林火灾		病虫害危害		其他灾害		征占林地	
			阔叶树										变疏林										
合计	杉	松	合计	桉	经济林	竹林	红树林	面积(hm²)	蓄积(m³)	面积(hm²)	蓄积(m³)	面积(hm²)	蓄积(m³)	蓄积(m³)	面积(hm²)	面积(hm²)	蓄积(m³)	面积(hm²)	蓄积(m³)	面积(hm²)	蓄积(m³)	面积(hm²)	蓄积(m³)

（5）林地使用权情况

所有权是指国家以法律形式确认的，人们对于财产的占有、使用、收益和处分的权利。使用权是指使用者依法对他人财产拥有的限制性的占有、使用、收益和处分的权利。目前我国森林、林木和林地的使用权形式主要包括：国有森林、林木和林地由国有单位使用，依法享有占有、使用、收益和部分处分权；由集体以合法形式取得使用权（如联营、承包、租赁）；集体的林地由国有林业单位使用；公民、法人或其他经济组织依法使用国有的或集体所有的林地。二类调查中针对林地使用权，分别对林分面积、株数、蓄积进行统计（表3-16）。

表3-16　林地使用权情况　　　　　　　　　（单位：hm²）

林地使用权	面积合计	乔木林	竹林	疏林地	灌木林地			未成林造林地	苗圃地	迹地				宜林地		
					小计	特殊灌木林地	一般灌木林地			小计	无立木林地	火烧迹地	其他迹地	小计	造林失败地	规划造林地	其他宜林地
合计																	
国有																	
集体																	

2.森林生态状况调查指标

随着对森林资源生态价值的日益重视，除了传统的林业统计指标，森林的生态状况评价也被逐渐纳入二类调查等森林调查中。

（1）森林生态功能等级

2002年广东在全省森林生态环境监测中，首次对森林的生态功能等级进行了评价因子和划分标准的研究，并在 2004 年的森林生态状况调查工作中加以完善。评价标准将森林生态功能等级由好至差分为 Ⅰ～Ⅳ 等（表 3-17），评价因子（以非带状防护林为例）主要涵盖物种多样性、郁闭度、林层结构、植被盖度、枯枝落叶层厚度，每个因子由简单到复杂设置了 4 个类型。

表 3-17　森林生态功能等级

区划林种	地类	合计		Ⅰ		Ⅱ		Ⅲ		Ⅳ	
		面积（hm²）	比例（%）	面积（hm²）	比例（%）	面积（hm²）	比例（%）	面积（hm²）	比例（%）	面积（hm²）	比例（%）
合计	合计										
	乔木林										
	竹林										
	特殊灌木										
	一般灌木										
	苗圃地										
	其他迹地										
	造林失败地										
	其他宜林地										
水源涵养	合计										
	乔木林										
	…										
一般用材	合计										
	…										
果树林	合计										
	…										
食用原料	合计										
	…										

（2）森林自然度等级

　　森林自然度是指反映现实森林类型与地带性原始顶级森林类型的差异程度，是反映森林质量的一项重要指标。广东省以群落生态学理论为基础，制定了广东省森林自然度等级划分标准，并于 2002 年开展的全省二类调查中被纳入调查范围。划分标准根据森林群落类型或种群结构特征位于次生演替中的阶段，以人为干扰强度、林分类型、树种组成、层次结构、年龄结构等作为主要评价因子，把森林自然度划分为 5 个等级（表 3-18）。

表 3-18　森林自然度等级

区划林种	地类	合计		Ⅰ		Ⅱ		Ⅲ		Ⅳ		Ⅴ	
		面积（hm²）	比例（%）	面积（hm²）	比例（%）	面积（hm²）	比例（%）	面积（hm²）	比例（%）	面积（hm²）	比例（%）	面积（hm²）	比例（%）
合计	合计												
	乔木林												
	竹林												
	特殊灌木												
	一般灌木												
	苗圃地												
	其他迹地												
	造林失败地												
	其他宜林地												
商品林	合计												
	乔木林												
	…												
生态林	合计												
	…												

（3）森林景观等级

森林景观是以森林生态系统为主要成分所构成的景观，主要考虑景观要素和景观结构。广东林业二类调查对不同优势树种的森林景观等级进行统计调查，由低至高分为 4 个等级（表 3-19）。

表 3-19　森林景观等级

优势树种		合计		Ⅰ		Ⅱ		Ⅲ		Ⅳ	
		面积（hm²）	比例（%）	面积（hm²）	比例（%）	面积（hm²）	比例（%）	面积（hm²）	比例（%）	面积（hm²）	比例（%）
合计	合计										
	杉木										
	马尾松										
	湿地松										
	速生相思										
	其他软阔										
	枫香										
	其他硬阔										
	针叶混										
	针阔混										
	阔叶混										
	毛竹										
	杂竹										

续表

	优势树种	合计		Ⅰ		Ⅱ		Ⅲ		Ⅳ	
		面积（hm²）	比例（%）	面积（hm²）	比例（%）	面积（hm²）	比例（%）	面积（hm²）	比例（%）	面积（hm²）	比例（%）
合计	木本果										
	荔枝										
	龙眼										
	药用										
乔木林	合计										
	杉木										
	…										
竹林	合计										
	其他硬阔										
	毛竹										

（4）森林健康度等级

森林健康度是指森林受病、虫、火灾、自然灾害和空气污染的危害程度，依据受害立木株数百分率和影响林木生长的程度分为 4 个等级，Ⅰ类表示森林最健康，Ⅳ类表示森林最不健康（表 3-20）。广东省二类调查中对不同地类的森林健康度等级进行了调查统计。

表 3-20　森林健康度等级

区划林种	地类	合计		Ⅰ		Ⅱ		Ⅲ		Ⅳ	
		面积（hm²）	比例（%）	面积（hm²）	比例（%）	面积（hm²）	比例（%）	面积（hm²）	比例（%）	面积（hm²）	比例（%）
合计	合计										
	乔木林										
	竹林										
	特殊灌木										
	一般灌木										
	苗圃地										
	其他迹地										
	造林失败地										
	其他宜林地										
重点公益林	合计										
	乔木林										
	竹林										
	特殊灌木										
	…										
一般公益林	合计										
	…										
一般商品林	合计										
	…										

（5）林地质量等级

林地质量等级划分是林学的基础理论之一，一般是从林地的自然属性、社会属性和经济属性等方面多层次构建评定等级。广东林业二类调查将林地质量分为 5 个等级（表 3-21）。

表 3-21　林地质量等级　　　　　　　　　　（单位：hm²）

合计	Ⅰ级	Ⅱ级	Ⅲ级	Ⅳ级	Ⅴ级

（6）生态系统服务功能价值

二类调查中分林种对森林固化二氧化碳、释放氧气、涵养水源、保育土壤、森林储能、净化大气、生物多样性保护、减轻水灾旱灾、森林游憩等生态系统服务功能的价值进行了评估调查（表 3-22）。

表 3-22　生态系统服务功能价值　　　　　　　　（单位：元）

林种	价值	合计								
		固化二氧化碳价值	释放氧气价值	涵养水源价值	保育土壤价值	森林储能价值	净化大气价值	生物多样性保护价值	减轻水灾旱灾价值	森林游憩价值
合计										
水源涵养										
一般用材										
果树林										
食用原料										

3. 其他辅助调查指标

（1）林地土壤调查

林业二类调查的土壤调查主要针对林地的土壤侵蚀状况和非毛管储水量。这两项内容直接与林地的保育土壤、涵养水源的效果相关联。相关统计数据是否能用于计算林地的年土壤侵蚀量（表 3-23）和土壤非毛管储水量（表 3-24），决定了调查指标能否被纳入森林资源资产评价体系中。

表 3-23　林地土壤侵蚀

林地类别	地类	等级	合计		面状		沟状		崩塌	
			面积（hm²）	比例（%）	面积（hm²）	比例（%）	面积（hm²）	比例（%）	面积（hm²）	比例（%）
合计	合计	合计								
		轻微								
	乔木林	合计								
		轻微								

续表

林地类别	地类	等级	合计		面状		沟状		崩塌	
			面积（hm²）	比例（%）	面积（hm²）	比例（%）	面积（hm²）	比例（%）	面积（hm²）	比例（%）
一般公益林（地）	合计	合计								
		轻微								
	乔木林	合计								
		轻微								

表 3-24　林地土壤非毛管储水量

林种	面积（hm²）	合计储水量（万t）	乔木林							竹林	疏林	灌木林			未成林造林地	苗圃地	迹地	宜林地
			小计	杉	松	桉	阔	针叶混	针阔混			小计	特殊灌木	一般灌木				

（2）植物生物量、储能量、储碳量调查

二类调查对乔木林、竹林、灌木林等不同地类的林地植物生物量、储能量、储碳量、放氧量等内容进行了调查。其中，储碳放氧是评价森林固碳释氧功能的重要参考指标（表 3-25）。

表 3-25　林地植物生物量、储能量及储碳量

地类	合计							生态公益林							商品林						
	面积（hm²）	生物量（万t）	储能量（万t）	碳汇量（万t）	储碳量（万t）	放氧量（万t）	二氧化碳吸收量（万t）	面积（hm²）	生物量（万t）	储能量（万t）	碳汇量（万t）	储碳量（万t）	放氧量（万t）	二氧化碳吸收量（万t）	面积（hm²）	生物量（万t）	储能量（万t）	碳汇量（万t）	储碳量（万t）	放氧量（万t）	二氧化碳吸收量（万t）
合计																					
乔木林																					
竹林																					
特殊灌木																					
一般灌木																					
苗圃地																					
其他迹地																					
造林失败地																					
其他宜林地																					

3.2.2 广东省国有林场与森林公园调研案例分析

通过对广东省典型国有林场与森林公园的实地调研及相应的管理部门座谈，加深对广东省国有林场与森林公园森林资源情况及经营管理情况的了解，从而为广东省国有林场和森林公园森林资源资产负债表编制及数据采集工作方案的编制提供参考依据。

从粤东、粤西、粤北及珠三角地区分别选取了具有代表性的国有林场或森林公园开展实地调研，包括深圳沙头角林场、广州流溪河林场、茂名电白林场、梅州南台山森林公园、韶关南岭国家森林公园。

3.2.2.1 沙头角林场（深圳）

1. 林场发展历程

广东省沙头角林场（加挂广东梧桐山国家森林公园牌子）是广东省林业厅十大直属林场（局）之一，属纯生态公益型林场，是一个以山体和自然植被为景观主体的城市郊野型林场。

从发展历程来看，沙头角林场于 1980 年获批成立，至 1984 年 7 月省政府正式确认国营沙头角林场为省直国有林场。1989 年 6 月林业部（现国家林业局）批准将沙头角海山森林公园改名升格为广东梧桐山国家森林公园，与国营沙头角林场两块牌子，一套人马。2001 年 5 月省机构编制委员会批复省林业局，明确广东省沙头角林场挂广东梧桐山国家森林公园牌子，为正处级事业单位（图 3-1）。

图 3-1 广东省沙头角林场管理处

2. 林场产业结构

从产业结构来看，沙头角林场的主体经营方向为物业、宾馆及小部分园林绿化。林场下设有深圳市金梧桐物业管理有限公司、深圳市山石花园林绿化工程有限公司和沙头角林场梧桐山宾馆，林场年经营收入超过 2000 万元。

3. 资源管理情况

从林业资源来看，沙头角林场为国家一级重点公益型林场，树种结构以阔叶纯林为主，包括桉树、相思、梨等。树林以幼龄林为主，平均树龄为 15 ～ 25 年。林分郁闭度为 0.6 ～ 0.8。林场内有野生动物 64 科 196 种，其中包括鸢、赤腹鹰、小灵猫、穿山甲等国家 I 级保护动物；有 1419 种野生植物，其中包括土沉香、白桂木、粘木等珍稀濒危植物。

由于属于纯公益林，林场不进行采伐，基本无人为干预，林分属于自然生长状态。多年来，未出现火情与大型病虫害，自然扰动轻微。林场有林业执法，2015 年又设有管控中心，加强林内的人工清查工作，保障林区生态安全。

4. 数据资料掌握情况

2012 年（或 2013 年）由林业厅负责对林场开展过森林资产评估；林场的林业二类调查报告也有更新，林场方面表示，实物量数据大多基本掌握，但生态效益（即生态系统服务功能）类指标数据掌握较少，林场除设有的一处空气负离子检测点外，并未对其他指标因子进行过测量。

作为省直属林场，沙头角林场通过国家林业局建立的管理信息系统填写、上报相关林业数据。该信息系统可根据龄组情况等直接计算林分蓄积量。

在信息发布机制上，林场信息主要通过省林业厅公布的《广东省林业综合统计年报分析报告》《广东省林业生态状况公报》等途径对外发布。另外，林场的官方网站也会对部分管理情况进行公开。

5. 现场调研情况

1）为了保护林场内的珍稀濒危植物，并未给植被做标识，只做巡查。但林场内仍存在沉香木被盗伐的情况（图 3-2）。

图 3-2　林场内沉香木盗伐情况

2）林场内部有 2 处水域，一处小型水库由水务部门负责管理（图 3-3），另一处由林场管理（图 3-4）。

图 3-3　林场内水务部门管理水库　　　　　图 3-4　林场内林场管理水库

3）林场将当地居民留下的梯田改造成为苗圃地（图 3-5）。

图 3-5　林场内耕地改造苗圃地

3.2.2.2 流溪河林场（广州）

1. 林场发展历程

广州市流溪河林场（广州市流溪河国家森林公园管理处）是广州市林业和园林局管理的公益类正处级事业单位。

林场成立于 1959 年，成立的主要目的是涵养水源、保护水库。1983 年，经林业部（现国家林业局）批准，林业部、广州市人民政府和流溪河林场三家合资，在流溪河林场开辟森林公园，把林场、旅游结合在一起。1984 年，定为局属处级机构单位。2006 年，设立广州市流溪河国家森林公园管理处，与广州市流溪河林场合属（图 3-6）。

图 3-6　广州市流溪河林场

2. 林场产业结构

流溪河林场是目前广州市唯一承担社会化管理职能的事业单位。除承担培育森林、涵养水源、维护生态的公益职能外，还负责管理辖区内 3 个行政村（东星村、谷星村、温塘肚村）及 4 个全民工区（黄竹塱、新群、三棵松、红岭）的大量行政管理事务。截至 2013 年底，全场总人口有 5813 人。

自 1998 年后，林场由生产型转化为水源涵养型，以流溪河国家森林公园（图 3-7）为龙头，发展生态旅游、休闲服务等第三产业。除市财政经费划拨以外，林场的主要经济来源还包括生态公益林补偿和生产经营收入。后者包括旅游业、小水电、竹木间伐、茶青及水果销售等收入项。年收入约为 3000 万元。

图 3-7　流溪河国家森林公园

3. 资源管理情况

从林业资源来看，林场林业用地面积为 7604.6hm²，包括 6634.8hm² 乔木林、885.6hm² 竹林、44.6hm² 灌木林和 8.1hm² 苗圃地，森林覆盖率达 82.4%。优势树种包括马尾松、杉木、速生相思、湿地松、木本果（荔枝、龙眼）等。乔木林中以中龄林和成熟林为主，蓄积量达 492 727m³。

林场内有被子植物 134 科 401 属 819 种，包括竹柏、樟、香花楠等珍贵树种，还有山樱、墨兰、鹤顶兰、杜鹃等观赏花木；有陆生脊椎动物 24 目 61 科 158 种，如苏门羚、水鹿、山牛、猫狸、果子狸、芒鼠、穿山甲等兽类；白鹇、雉鸡、鹭鸶、鸳鸯、画眉、红嘴相思等鸟类；其中有白颈长尾雉、蟒、豹、穿山甲、白鹇等 20 多种国家 Ⅰ、Ⅱ级保护动物。

4. 数据资料掌握情况

林场掌握的最新林业资源为 2014 年广东省林业调查规划院的二类调查数据。除此之外，在流溪河国家森林公园的 10 年总规划（2014）中也涵盖了相关的自然资源数据。

5. 现场调研情况

1）存在病虫害情况，林场表示，每年有 1000 ～ 2000 株树木枯死（图 3-8）。

图 3-8　林木受病虫害影响情况

2）自 2006 年发现松材线虫病以来，采取了挂放诱捕器、设置诱木、清理死树等措施进行治理（图 3-9）。

图 3-9　林木病虫害防治情况

3）存在外来物种入侵的情况，包括薇甘菊、五爪金龙（图 3-10）、红火蚁等。

图 3-10　五爪金龙入侵植物

4）流溪河水库位于林场中部（不属林场管理），面积为 2.2 万亩，有效库容为 2.39 亿 m^3。流溪河国家森林公园在作为景区对游客开放的同时，或对水库水质造成不利影响（图 3-11）。

图 3-11　流溪河水库

5）流溪河林场兼顾了很重要的社会经济功能，目前近八成的工作重心放在辖区内社区管理上，包括提供就业岗位、危旧房改造等（图 3-12）。

图 3-12　流溪河林场内社区

3.2.2.3　电白林场（茂名）

1. 总体情况

林场位于广东省茂名市电白区，经营总面积约为 2.7 万亩，森林总蓄积量为 4.3 万 m^3，森林覆盖率达 83%。茂名电白林场对沿海地区有防风固沙的重要作用，是粤西沿海防护林带的组成部分。除发挥生态功能外，林场还做木材经营。林场内还种植有荔枝和龙眼等果树（图 3-13）。

图 3-13　广东省茂名市电白林场

2. 数据资料掌握情况

在信息的报送上，林场主要和茂名市林业局对接。在信息系统建设上，主要有省森林资源与生态状况综合监测管理信息系统。

3. 现场调研情况

1）电白林场是沿海防护林的重要林区，2009～2014 年有超过 4000 亩的封山育林区（图 3-14）。

图 3-14　电白林场封山育林区

2）林场内有风电产业，进行风能发电（图 3-15）。

图 3-15　电白林场内风能发电

3）林场内主要种植松树与桉树（图 3-16）。

图 3-16　林场内松树、桉树等优势树种

4）林场内有水库，有周边居民来此挖沙、捕鱼（图 3-17）。

图 3-17　林场内水库

3.2.2.4　南台山森林公园（梅州）

1. 总体情况

南台山森林公园位于梅州市平远县西南部。森林公园面积为 2073.2hm²。公园主要特征表现在风景质量高、动植物资源繁多。该森林公园山系属武夷山系，为武夷山山脉南的余脉，是粤东三大丹霞地貌名胜地之一。南台山森林公园森林资源丰富，植被保存良好，以常绿阔叶林和针阔混交林为主。森林植被多样性丰富，主要有常绿阔叶林、竹林、温性针阔叶混交林、暖性针叶林、灌丛等 5 种植被型和若干群系。地带性植被为常绿阔叶林，由壳斗科、山茶科、樟科、金缕梅科等乔木种类组成，植被优势种为红锥、木荷、福建青冈、疏齿木荷、罗浮栲、藜蒴、甜锥、枫香等。

南台山森林公园有国家重点保护野生动物 19 种，其中，国家 I 级重点保护陆生野生动物 1 种——蟒；国家 II 级重点保护陆生野生动物 18 种——穿山甲、豺、青鼬、斑林狸、大灵猫、小灵猫、金猫、鸳鸯、凤头蜂鹰、蛇雕、褐耳鹰、红隼、白鹇、褐翅鸦鹃、草鸮、雕鸮、虎纹蛙、山瑞鳖。在上述国家重点保护物种中，鸳鸯、白鹇的种群密度较大，平远县分布的鸳鸯种群是广东省记录的最大鸳鸯越冬种群。

水资源方面，园区内的主要河流凤池河河道长 8.0km。区内的石径水库坐落于森林公园西部，于 1966 年 4 月建成，相应库容为 116 万 m³，相应水面面积为 16.3hm²，水库功能主要是防洪和灌溉。

产业方面，一方面主打旅游，包括南台山卧佛景区、磐牙石丹霞地貌景区、石龙寨观佛景区、程旼纪念园景区四大景区对外免费开放；另一方面发展林下经济，多以茶场为主，出产南台茶，同时还出产众多土特产品，如山茶油、脐橙、金柚、椪柑、李果、柿饼等。

与之前调研的林场或森林公园不同的是，南台山森林公园不是由林场转制而成，而是靠租借集体林地成立的。所以存在开发利用难度大，对居民制约性较弱的情况。2007 年 7 月，广东省林业局批准在广东省平远县建立"广东南台山省级森林公园"，梅州市人事局批准设立公园管理处，定编 11 名，副科级事业单位，森林公园隶属平远县林业局管理。另设立南台山森林公园警务工作站，由平远县森林公安分局派驻。

2. 数据资料掌握情况

除林业二类调查数据外，南台山森林公园在 2009 年编制的规划报告的基础上，每年开展补查工作。但也由于园区面积很大，技术人员配备不足，部分地方存在无人调查的情况。地方的森林调查是根据行政区划统计的，平远县不单独对林业数据进行统计，而是统计所涉 3 个镇的林业数据。

3. 现场调研情况

调研情况如图 3-18 所示。

3.2.2.5 南岭国家森林公园（韶关）

1. 发展历程

南岭国家森林公园成立于 1958 年，地处广东北部乳源瑶族自治县、阳山县、乐昌市和湖南宜章县交界处。1999 年经省编制部门批准，由森工企业改变为省林业厅直属的正处级事业单位。2001 年经批准改名为广东省乳阳林业局，

属生态公益型林场。广东省乳阳林业局、南岭国家森林公园、南岭国家级自然
保护区管理局乳阳管理处实行"三个牌子、一套人马"的管理体制，由乳阳林
业局经营管理。

图 3-18　南台山森林公园

2. 产业结构

南岭国家森林公园的产业发展方向主要分三大块：一是自 20 世纪 80 年

代开始的小水电建设，截至 2015 年总装机容量达 19 590kW·h，年产值达 3500 万～4000 万元，电费收入占年总收入的 80% 以上。二是生态旅游发展，2009 年与深圳东阳光实业发展有限公司签订合作开发协议，共同建设南岭国家森林公园，目前已开发石坑崆景区、小黄山景区、瀑布群景区和亲水谷景区 4 大景区，2011 年底被评为国家 4A 级旅游景区。三是 500 亩左右的公益三类林的补贴。总体来说，形成了"以林蓄水、以水发电、以电养林、以林发展生态旅游"的发展方式。

3. 资源管理情况

南岭国家森林公园位居南岭山脉中段，总体上属于中低山山地地貌。现有林业用地面积 455 304 万亩，蓄积量 244.6 万 m^3，其中 91.5% 为生态公益林，森林覆盖率达 97.6%。2008 年因特大雨雪冰冻灾害，95% 以上的林木受损，蓄积量从 194 万 m^3 下降至 135 万 m^3，后通过全清造林、补植套种、封山育林等措施得到有效恢复。

园区内常绿阔叶林是主要的植被类型，具有典型的中亚热带常绿阔叶林的结构特征。以华南五针松、长苞铁杉和福建柏等为优势建群种的温性针叶林或针阔叶混交林是园区最具有特色的植被类型。植被的垂直分布明显，基本上与湿润亚热带山地植被垂直带谱结构一致，结构表现为：沟谷常绿季雨林或丘陵、低山常绿阔叶林→中山常绿阔叶林或中山常绿落叶阔叶混交林→中山常绿针阔叶混交林或中山常绿针叶林→山顶（常绿阔叶）苔藓矮曲林→山顶灌丛草坡。

植物类群种系和区系具有起源古老、物种丰富、以亚热带成分为主的特征。野生裸子植物达 7 科 10 属 18 种；种子植物表征科为壳斗科、山茶科、樟科、木兰科、金缕梅科、安息香科、五列木科、杜英科、杜鹃花科、松科、冬青科和交让木科等 12 个科，其中原始的被子植物较多，如野生分布有木兰科 18 种、樟科 77 种、山茶科 70 种、壳斗科 66 种、安息香科 20 种、金缕梅科 18 种、番荔枝科 6 种、毛茛科 31 种、小檗科 13 种、荨麻科 33 种等。

园区内保存的珍稀濒危植物种数超过广东省珍稀濒危植物总种数的一半，具有种类组成丰富、热带成分明显、起源古老、特有现象突出等特点。其中属于国家重点保护的野生植物共 23 科 30 种 2 变种，列入《中国珍稀濒危保护植物名录》的野生植物有 28 科 39 种。国家重点保护动物共计 73 种，其中，国家 I 级重点保护陆生野生动物 10 种——熊猴、豹、华南虎、云豹、林麝、黑麂、梅花鹿、黄腹角雉、白颈长尾雉、蟒；国家 II 级重点保护陆生野生动物 63

种——短尾猴、猕猴、藏酋猴、穿山甲、豺、金猫、水獭等。

4. 数据资料掌握情况

南岭国家森林公园掌握的数据资料一是来自省林业二类调查数据，二是来自开展的植物资源与生物多样性调查的成果。在影像资料上，有 0.5m 的航拍图，小班影像图分辨度较高。另外，通过与中山大学、广东省林业科学研究院、中国科学院华南植物园等单位合作，还将进一步对气象、环境质量等进行监测研究。

5. 现场调研情况

1）华南五针松、长苞铁杉和福建柏等为园区最具有特色的植被类型。其中，华南五针松又称蓝松，针叶 5 针一束，远看形似迎客松（图 3-19）。

图 3-19　华南五针松

2）园区内水资源丰富，又因为地势，能进行水力发电，但也因为发电，部分水资源被拦蓄，园区内原有的一些天然水道中已难见流水。园内还有多处瀑布形成瀑布群（图 3-20），水质清澈，且极具观赏性。

图 3-20　双飞瀑

3.3　国有林场森林资源资产负债表评价指标

3.3.1　存量表

3.3.1.1　筛选方法

国有林场森林资源存量表在评价指标的筛选上，一方面从宏观角度上扣紧近年来国家指导森林资源资产评价相关的政策条文（表3-26）；另一方面基于微观条件与需求，考虑广东省国有林场特点及现行林业资源调查、监测体系中可用于森林资源资产评价的指标，采用定性分析的方法，综合构建具有科学性和可实践性的国有林场森林资源存量评价指标体系。

表 3-26　森林资源资产评估相关政策条文

时间	发文机关	政策规范
2006 年	财政部、国家林业局	《森林资源资产评估管理暂行规定》
2008 年	财政部、国家林业局	《森林生态系统服务功能评估规范》
2013 年	财政部	《资产评估准则——森林资源资产》

指标的选择首先要从森林生态系统的角度出发，除了考虑林木等森林主要资源，还要有效考虑林内水资源、动植物资源等；其次要从经济效益的角度出发，筛选能够有效衡量和评估森林资源的林地资源、林木资源、林果及其他林产品的实物数量的指标；最后所选指标的统计方式需满足森林资产货币化的需求，能直接基于所筛选的实物量指标数据，进行价值量的转换。

3.3.1.2　筛选结果

表 3-27 是国有林场森林资源资产存量评价指标体系。

表 3-27　国有林场森林资源资产存量评价指标体系

序号	资源类型	评价指标			单位
1			有林地	乔木林	hm²
2		地类	有林地	竹林	
3			有林地	红树林	
4		地类	灌木林地		
5			疏林地		
6			小计		
7			生态公益林	防护林	
8			生态公益林	特殊用途林	
9		林种	生态公益林	小计	
10			商品林	用材林	
11			商品林	薪炭林	
12			商品林	经济林	
13	森林资源		商品林	小计	
14			杉		m³
15			松		
16			其他针叶树		
17			桉		
18		优势树种	速生相思		
19			其他阔叶树		
20			针阔混交林		
21			竹林		株 /hm²
22			红树林		t/hm²
23			古树名木	树龄 500 年以上	株
24			古树名木	树龄 300 ～ 500 年	
25			古树名木	树龄 100 ～ 300 年	
26			名木		

续表

序号	资源类型	评价指标	单位
27	湿地资源	河流湿地	hm²
28		湖泊湿地	
29		沼泽湿地	
30		人工湿地	
31	珍稀濒危物种资源	珍稀濒危动物	种
32		珍稀濒危植物	种

3.3.1.3 指标说明

（1）地类

指标释义：依据土地的森林植被覆盖特征进行划分的土地分类。本次土地分类不涉及非林地、未成林地等土地利用类型，具体统计有林地、灌木林地和疏林地的面积。相关技术标准参照《广东省森林资源规划设计调查试点操作细则》。

计算方法：按森林植被覆盖特征统计面积。

数据来源：二类调查数据。

选取意义：土地类型从用地指标与现状上反映林木资源的具体情况，具有宏观把握森林资源的意义。除了有林地，灌木林地在广东省国有林场中也具有相当的比重，其自然资源保有量较大。同时，红树林也是极为重要的自然资源，其生态系统服务价值较高。

（2）林种

指标释义：将森林（林地）类别按主导功能的不同分为生态公益林和商品林两个类别。生态公益林包含以保护和改善人类生存环境、维持生态平衡、保存物种资源、科学实验、森林旅游、国土保安等需要为主要经营目的的有林地、疏林地、灌木林地和其他林地。商品林包含以生产木材、竹材、薪材、干鲜果品和其他工业原料等为主要经营目的的有林地、疏林地、灌木林地和其他林地。

计算方法：按生态公益林和商品林两类分别统计面积。

数据来源：二类调查数据。

选取意义：按林地类别统计林地资源，反映林地经营方式和经营导向，体现国有林场改革的公益性取向。国有林场主要功能明确定位为保护培育森林资源、维护国土生态安全和提供生态公益服务，生态公益林组成是重点的表征指标。

（3）优势树种

指标释义：在一个林分内，数量最多的（一般指蓄积量所占的比例最大的）

树种。

计算方法：有蓄积乔木林、疏林林地小班，其优势树种（组）按蓄积量组成比重确定。小班内蓄积量占总蓄积量 65% 以上的树种（组）为优势树种（组），单一树种达不到优势树种（组）蓄积要求的小班，则以针叶混交林、针阔混交林、阔叶混交林等类型判定，或者按经营目的确定小班优势树种（组）。无蓄积乔木林地、疏林地、未成林地小班的，则按各树种株数比例确定。红树林优势树种（组）一律明确为红树林，不细分到具体红树林树种。

数据来源：二类调查数据。

选取意义：优势树种主要按照不同的树种从蓄积方面反映林木资源的情况。蓄积是反映林木资源丰富度的关键性指标，能从基本面上反映国有林场内林木资源的价值。该种分类模式也适用于基于市场价值法来展开林木资源的价值核算。

（4）古树名木

指标释义：指一般树龄在百年以上的大树和稀有、名贵或具有历史价值、纪念意义的树木的数量。

数据来源：二类调查数据、各国有林场。

选取意义：古树名木具有不可忽视的文化价值、历史价值和景观价值。

（5）湿地资源

指标释义：湿地资源是指天然的或人工的、永久的或暂时的沼泽地、泥炭地、水域地带，带有静止或流动、淡水或半咸水及咸水水体，包括低潮时水深不超过 6m 的海域，以及邻近湿地的河滨和海岸地区，并包括岛屿或湿地范围内低潮时超过 6m 的海域。沼泽、泥炭地、湿草甸、湖泊、河流、滞蓄洪区、河口三角洲、滩涂、水库、池塘、水稻田及低潮时水深浅于 6m 的海域地带均属于湿地范畴。

数据来源：二类调查数据。

选取意义：湿地是重要的生态系统类型，具有生物栖息地、水资源供给、水文调节、水质净化、提供生态产品等多种重要的生态系统服务功能。

（6）珍稀濒危物种资源

指标释义：指出现在《IUCN 红色名录》、《濒危野生动植物种国际贸易公约》（CITES）附录、《国家重点保护野生动植物名录》及《广东省重点保护陆生野生动物名录》等名录上的珍稀濒危动植物种类和数量。

计算方法/数据来源：按照相关研究规范，建立监测统计标准。

选取意义：从生态系统的角度来考虑，从资源类型的完整性上，纳入珍稀濒危物种资源实物量指标。

3.3.2 质量表

3.3.2.1 筛选方法

在国有林场森林资源质量指标的筛选上，主要从森林资源的生态效益的角度出发，筛选能有效表征森林资源生态状况好坏的指标。并且，质量评价指标体系的构建需尽量有利于评估森林资源生态系统服务功能量，从而便于评估森林资源的价值。

3.3.2.2 筛选结果

表 3-28 是国有林场森林资源资产质量评价指标体系。

表 3-28　国有林场森林资源资产质量评价指标体系

序号	评价指标			单位
1	森林资源	森林覆盖率		%
2		林分郁闭度		—
3		单位面积林分蓄积量		m³/hm²
4		单位面积林分生物量		t/hm²
5		林分平均高		m
6		林分平均胸径		cm
7		生态功能等级Ⅰ、Ⅱ类林面积占比		%
8		森林景观等级Ⅰ、Ⅱ、Ⅲ类林面积占比		%
9		生物多样性指数		—
10	森林灾害	病虫害	等级	—
			成灾面积	hm²
11		森林火灾	等级	—
			受灾面积	hm²
12	土地退化	石漠化	等级	—
			面积	hm²
13		沙化	等级	—
			面积	hm²
14		土壤侵蚀	面状 等级	—
			面状 面积	hm²
15			沟状 等级	—
			沟状 面积	hm²
16			崩塌 等级	—
			崩塌 面积	hm²

3.3.2.3 指标说明

（1）森林覆盖率

指标释义：指一个国家或地区森林面积占土地面积的百分比，是反映一个国家或地区森林面积占有情况或森林资源丰富程度及实现绿化程度的指标，也是确定森林经营和开发利用方针的重要依据之一。

数据来源：二类调查数据。

选取意义：森林覆盖率指标是森林资源丰富程度的重要指示指标，也是国有林场改革成果重要的检验指标。

（2）林分郁闭度

指标释义：指森林中乔木树冠在阳光直射下在地面的总投影面积（冠幅）与此林地（林分）总面积的比值。

数据来源：二类调查数据。

选取意义：林分郁闭度反映林分的密度，是森林是否健康、森林资源是否丰富的重要指标之一。

（3）单位面积林分蓄积量

指标释义：单位面积林分蓄积量是指一定单位森林面积上存在着的林木树干部分的总材积。

数据来源：二类调查数据。

选取意义：单位面积林分蓄积量是反映一个国家或地区森林资源总规模和水平的基本指标之一，也是反映森林资源的丰富程度、衡量森林生态环境优劣的重要依据。

（4）单位面积林分生物量

指标释义：单位面积林分生物量是森林生态系统长期生产与代谢过程中积累的结果，是森林生态系统运转的能量基础和物质来源。包括林木的生物量（根、茎、叶、花、果、种子和凋落物等的总重量）和林下植被层的生物量。

数据来源：二类调查数据。

选取意义：单位面积林分生物量的大小受植物光合作用、呼吸作用、死亡、收获和人类活动等因素的影响，是森林演替、人类活动、自然干扰、气候变化和大气污染等因素的综合结果，是评价森林生态系统结构和功能的重要指标。

（5）林分平均高

指标释义：说明林分高度的标志。

数据来源：二类调查数据。

选取意义：林分平均高反映了乔木生长的状态，有助于横向比较各国有林场之间的林木经营情况，有助于对林木的价值量和其生态系统服务功能价值进行核算。

（6）林分平均胸径

指标释义：说明林木粗度的标志。

数据来源：二类调查数据。

选取意义：林分平均胸径是反映林分中林木粗度的基本指标，是森林调查中最重要的测树因子之一，其直接影响林分的蓄积量。

（7）生态功能等级Ⅰ、Ⅱ类林面积占比

指标释义：森林生态功能是指森林生态系统及其生态过程所形成的有利于人类生存与发展的生态环境条件与效用，包括水源涵养功能、水土保持功能、气候调节功能、环境净化功能、生物多样性功能等。通过利用反映森林生物量、生物多样性和森林结构的有关因子，按相对重要性来综合评定森林生态功能等级，共分为Ⅰ、Ⅱ、Ⅲ类。

数据来源：二类调查数据。

选取意义：生态功能等级评价中主要包含了森林蓄积量、森林自然度、森林群落结构、林分树种结构、林分平均高、林分郁闭度、植被总盖度、枯枝落叶层厚度共8项指标，是森林生态系统服务功能供给能力的基本体现，同时该指标也是国有林场改革成果重要的检验指标。

（8）森林景观等级Ⅰ、Ⅱ、Ⅲ类林面积占比

指标释义：森林景观等级是依照林分类型、层次、古树名木和色彩等4因子以评定因子与类型得分总和法综合评定出的指标。共分为Ⅰ、Ⅱ、Ⅲ和Ⅳ等4种等级类型。

数据来源：二类调查数据。

选取意义：森林景观等级是植物群落结构、林相、层次、古树名木和色彩等森林景观的综合反映，有助于了解和横向比较国有林场的森林经营管理情况。

（9）生物多样性指数

指标释义：反映丰富度和均匀度的综合指标，此处指森林 Shannon-Wiener 指数。

计算方法：

$$\text{Shannon-Wiener指数} = \sum \frac{\text{个体数}}{\text{总体数}} \log\left(\frac{\text{个体数}}{\text{总体数}}\right) \tag{3-1}$$

数据来源：二类调查数据、本底数据、补充调查数据。

选取意义：多样性指数与生态系统稳定性密切相关，国家林业局提出了根据 Shannon-Wiener 指数计算生物保护价值的方法。

（10）病虫害

指标释义：指受病虫害影响的林地面积百分比。

数据来源：二类调查数据。

选取意义：从生态灾害的层面评价森林健康程度。

（11）森林火灾

指标释义：指受火灾害影响的林地面积百分比。

数据来源：二类调查数据。

选取意义：从森林火灾的层面评价森林健康程度。

（12）石漠化

指标释义：指在热带、亚热带湿润和半湿润气候条件与岩溶极其发育的自然背景下，受人为活动干扰，地表植被遭受破坏，造成土壤严重侵蚀，基岩大面积裸露，砾石堆积的土地退化现象，是岩溶地区土地退化的极端形式。

数据来源：二类调查数据。

选取意义：从土地退化的层面评价森林健康程度。

（13）沙化

指标释义：是指由于各种因素形成的、以沙质地表为主要标志的土地退化。

数据来源：二类调查数据。

选取意义：从土地退化的层面评价森林健康程度。

（14）土壤侵蚀

指标释义：是指土壤及其母质在水力、风力、冻融或重力等外应力作用下，被破坏、剥蚀、搬运和沉积。

数据来源：二类调查数据。

选取意义：从土地退化的层面评价森林健康程度。

3.3.3　流向表

3.3.3.1　筛选方法

流向表用于反映资产存量变化及变化原因。它在资产的存量和质量基础上，重点表征资产的数量和质量的变动情况及变化原因，是用于管理经营和绩效考评的重要参考依据。

在国有林场森林资源存量和质量评价指标的选取上，主要是从已构建的森林资源存量表评价指标体系出发，选取相应的指标来评估资产流向。同时，考虑实践的可操作性，筛选指标时，着眼于国有林场森林资源的核心资产和经营关注重点资产，选取主要的资产存量指标来进行流向研究。

3.3.3.2 筛选结果

国有林场森林资源流向评价指标体系包括森林资源流向、湿地资源流向和珍稀濒危物种资源流向 3 个一级指标。森林资源流向又包括林地、林木、古树名木和生态质量等二级指标的流向；湿地资源流向主要考虑湿地面积的流向；珍稀濒危物种资源流向则包括珍稀濒危动物流向、珍稀濒危植物流向指标（表3-29）。

表 3-29 国有林场森林资源流向评价指标体系

序号	资源类型	评价指标		单位
1	森林资源	林地	生态公益林	hm²
2			商品林	
3		林木	乔木林 蓄积	m³
4			乔木林 面积	hm²
5			竹林 面积	hm²
6			红树林 面积	hm²
7		古树名木	古树 数量	株
8			名木	
9		生态质量	森林覆盖率	%
10			林分郁闭度	—
11			单位面积林分蓄积量	m³/hm²
12			单位面积林分生物量	t/hm²
13			林分平均高	m
14			林分平均胸径	cm
15			生态功能等级Ⅰ、Ⅱ类林面积占比	%
16			森林景观等级Ⅰ、Ⅱ、Ⅲ类林面积占比	%
17	湿地资源	河流湿地		hm²
18		湖泊湿地		
19		沼泽湿地		
20		人工湿地		
21	珍稀濒危物种资源	珍稀濒危动物		种
22		珍稀濒危植物		

3.3.4 价值量表

3.3.4.1 筛选方法

价值量是将各项资源资产进行量纲统一的结果，即将资产存量表（实物量表与质量表）中各项资产货币化，以货币价值表现资源的数量与质量。在国有林场森林资源价值量评价指标体系的构建上，一是通过研究国内已有的森林资源价值评估指标体系，对比分析不同地区森林资源价值评估指标体系的构建方法和构建结果，为广东省国有林场森林资源价值量评价指标体系的构建提供参考依据；二是要充分依托国有林场森林资源存量评价指标体系，筛选能满足量化林场森林资源实物量与质量的评价指标；三是要从森林资源效益产出的角度，选取能表征广东省国有林场森林资源一般性效益产出和特色效益产出的评价指标。

通过对不同森林资源价值评估指标体系的对比分析可知（表 3-30），在森林资源价值评估指标的选取上，大致考虑了经济效益、生态效益和社会效益三方面的效益评价。其中，经济效益主要包含林地资源价值和林木资源价值，部分地区还评估了非林木林产品的价值。生态效益的评价指标则主要针对森林资源的生态系统服务功能设立，基础的指标包括涵养水源价值、保育土壤价值、固碳释氧价值、净化环境价值、生物多样性维持价值，除此之外，积累营养物质价值、防风固沙价值、农业防护价值、改善小气候等指标也根据不同需求被纳为评价指标。社会效益的评价指标主要体现在森林经营对于扩大就业、保障社会稳定、满足人类文化生活需要等方面的功能，指标包括景观游憩价值（也有被归于生态效益指标的情况）、森林文化价值、就业机会价值、养蜂授粉价值等。

表 3-30   不同森林资源价值评估指标体系概览

对象	评估指标
北京市森林资源价值初报（李忠魁和周冰冰，2001）	林地价值、木材与果品产出价值、生态环境价值（涵养水源、净化环境、保育土壤、固碳释氧及转化太阳能、防护林作用、森林游憩、生物多样性）、社会效益价值（养蜂授粉）
八达岭林场（朱绍文等，2003）	林地资源价值（林地使用权的价值）、林木资源价值（活力木蓄积价值）、森林涵养水源价值（森林拦蓄降水价值、增加地表有效水价值、净化水质价值）、保育土壤价值（森林减少土壤损失价值、减少土壤肥力损失价值、减少泥沙滞留淤积价值）、固碳释氧及转化太阳能价值（固定二氧化碳价值、提供氧气价值、森林转化太阳能价值）、净化环境价值（吸收二氧化硫价值、吸收氟化物价值、吸收氮氧化物价值、滞尘价值、杀菌价值、减低噪声价值）、防护林环境价值（防风固沙价值）、景观游憩价值（年均最大旅游效益）、生物多样性价值、社会效益（养蜂授粉）
白龙江林区（张文华等，2005）	经济价值（碳储量价值）、年产生的公益价值（释放氧气价值、防止土壤侵蚀价值、涵养水源价值）
流溪河林场（曾震军等，2008）	直接价值（提供林产品价值）、间接价值（涵养水源、保持土壤、固碳释氧、净化空气、生态旅游、生物多样性）
重庆市武隆区森林资源（朱小龙等，2012）	林地资产价值、立木资产价值、碳储量资产价值、品牌资产价值、林产品生产价值（立木生长量价值、经济产品价值、非林木林产品价值）、生态系统服务价值（涵养水源价值、保育土壤价值、固碳释氧价值、净化环境价值、生物多样性维护价值、森林农业防护价值、景观游憩价值）、社会效益（创造就业机会效益）
海南省森林资源（彭文成，2012）	林地资产价值、林木资产价值（用材林林木价值、经济林林木价值、竹林林木价值、防护林林木价值和生态防护效益、特种用途林林木价值）、森林景观资产价值（风景林、森林游憩地、部分名胜古迹和革命纪念林、古树名木等价值）
衡阳紫金山林场（王红春，2014）	林地资产价值、林木资产价值、经济服务价值（经济林产出、养殖业产出）、生态系统服务价值（涵养水源价值、净化水质价值、保持水土价值、固碳释氧价值、净化环境价值、生物多样性价值）、社会服务价值（景观资产价值、就业价值）

续表

对象	评估指标
连江长龙国有林场（康开权，2015）	经济价值（林木价值和林地价值）、生态价值（涵养水源价值、保护土壤价值、积累营养物质价值、固碳释氧价值、净化空气价值、森林保护价值、保护生物多样性价值）、社会价值（森林游憩价值、森林文化价值、就业机会价值）
广州市森林资源（潘勇军等，2013）	涵养水源价值、保护土壤价值（固土、保肥）、固碳释氧价值（固碳、释氧）、林木积累营养物质价值（林木氮、磷、钾积累）、净化大气环境价值（提供负离子、吸收二氧化硫、吸收氟化物、吸收氮氧化物、滞尘、吸收重金属 Pb 和 Cd）、物种保护价值

从广东省国有林场森林资源存量评价指标体系来看，林地资源、林木等林产品资源、湿地资源、珍稀濒危动植物资源是实物资产评价的主要对象。因此应围绕这些自然资源资产要素评价其中的水源涵养、固土保肥、固碳释氧、小气候调节、净化大气、生物多样性保护和景观游憩等生态系统服务功能。

3.3.4.2 筛选结果

根据《国有林场改革方案》的总体目标——明确生态功能定位，以保护森林资源、维护生态功能作为改革的出发点和落脚点，切实保护好森林、湿地等自然生态系统，确保森林资源总量持续增加、生态功能持续增强、生态产品生产能力持续提高。因此，针对国有林场的价值核算包含经济效益和生态效益两个主要部分，下含森林资源、湿地资源、珍稀濒危物种资源三类资源指标，重点评估森林生态系统内的生态系统服务功能价值，包括涵养水源、固土保肥、固碳释氧、区域气候调节、净化大气、生物多样性保护价值（表3-31）。

表3-31　国有林场森林资源价值量评价指标体系

序号	评价指标			
1	经济效益	森林资源	林地资源	
2			林木资源	乔木林
3				竹林
4			其他林产品	
5			古树名木	
6		湿地资源	提供动物饵料	
7			淡水供给	
8			水力发电	
9		珍稀濒危物种资源	珍稀濒危动物	
10			珍稀濒危植物	
11	生态效益	森林资源	涵养水源	调节水量
				净化水质
12			固土保肥	固土
				保肥

续表

序号	评价指标			
13	生态效益	森林资源	固碳释氧	固碳
				释氧
14			区域气候调节	
15			净化大气	吸收污染物 吸收二氧化硫
				吸收污染物 吸收氮氧化物
				吸收污染物 吸收氟化物
				吸收污染物 滞尘
				生产负氧离子
16			生物多样性保护	
17		湿地资源	地表水调蓄	
18			水质净化	
19			区域气候调节	
20			固碳释氧	固碳
21				释氧
22			净化 大气	吸收污染物 吸收二氧化硫
23				吸收污染物 吸收氮氧化物
24				吸收污染物 吸收氟化物
25				吸收污染物 滞尘
26				生产负氧离子
27			生物多样性保护	

3.3.4.3 指标说明

（1）林地资源

指标释义：指采用价值计量的方式评价林场土地资源的价值。

选取意义：林地资源价值是森林资源有形资产中的土地资源价值。

（2）林木资源

指标释义：指采用价值计量的方式评价乔木林、竹林林木资源的多少。主要采用市场价值法评价林木资源价值。

选取意义：林木资源是森林资源有形资产的重要组成部分。

（3）其他林产品

指标释义：指采用价值计量的方式评价森林资源除林木资源之外其他主要林产品的产出量。此处采用市场价值法评价其他林产品价值。

选取意义：林木资源不是森林资源有形资产的唯一组成，除此之外，林果、食用原料等也是森林经济产出的一部分。

（4）古树名木

指标释义：指采用价值计量的方式评价古树名木的价值。

选取意义：古树名木是林木资源中的特殊资源，由于其文化历史性而具有极高价值。

（5）提供动物饵料

指标释义：指采用价值计量的方式评价湿地中为动物提供饵料的价值。

选取意义：湿地资源的核心功能之一就是保持生物多样性，为动植物提供栖息、庇护场所，为其提供生命繁衍所需的一切自然条件和要素，提供动物饵料功能属于其中一类。

（6）淡水供给

指标释义：指采用价值计量的方式评价淡水资源的实物量价值。

选取意义：淡水资源是森林生态系统中重要的自然资源，是一切生态资源存在和生态系统服务功能供给的基础。

（7）水力发电

指标释义：指采用价值计量的方式评价通过水力发电带来的经济效益。主要采用市场价值法进行评价。

选取意义：通过蓄水等手段将水资源位能转换为电能，通过人为的方式干预森林生态系统的水量调节来获取水力发电带来的经济效益。

（8）珍稀濒危物种资源

指标释义：指采用价值计量的方式评价珍稀濒危物种资源的实物量价值。

选取意义：珍稀濒危物种资源具有很高的保护价值，珍稀濒危物种资源的价值评价能有效表征珍稀濒危物种资源的保护价值。

（9）涵养水源

指标释义：指采用价值计量的方式评价森林资源调节水量、净化水质两类生态功能的效益。主要采用影子工程法评价涵养水源生态效益。

选取意义：涵养水源是森林一项极其重要的生态功能，往往能减少地表径流、增加地下径流，在汛期削减河川径流量，在枯水期补给水源。通过减缓地表径流，森林能进一步减少进入水体的泥沙，并借由枯枝落叶层对水中的污染物进行过滤，实现净化水质的目的。

（10）固土保肥

指标释义：指采用价值计量的方式评价森林资源固土、保肥两类生态功能的效益。主要采用影子工程法评价森林固土保肥生态效益。

选取意义：植被根系有改良、固持根系的作用，加上林冠层和枯枝落叶层能分散拦截地表径流，森林能有效地防止土壤侵蚀，并达到保留未流失土壤中养分的目的。

（11）固碳释氧

指标释义：指采用价值计量的方式评价森林资源固碳、释氧两类生态功能的效益。主要采用影子工程法评价森林固碳释氧生态效益。

选取意义：绿色植物作为生态系统的初级生产者，具有固碳释氧的天然生理机能。固碳释氧作为一种重要的生态功能，在自然界的物质循环和能量流动中起着重要的调节作用。

（12）区域气候调节

指标释义：指采用价值计量的方式评价森林资源对夏季微气候的调节作用。主要采用影子工程法评价森林区域气候调节服务。

选取意义：森林通过植被蒸腾作用，并在夏季实现区域降温。

（13）净化大气

指标释义：指采用价值计量的方式评价森林资源吸收空气污染物（二氧化硫、氮氧化物、氟化物、粉尘）和生产负离子的效益。主要采用影子工程法评价森林净化大气的生态效益。

选取意义：森林生态系统通过吸收、过滤、阻隔、分解等过程将大气中的有毒物质降解和净化，并提供负氧离子物质，提高空气质量。

（14）生物多样性保护

指标释义：指采用价值计量的方式评价森林资源保护生物多样性的价值。主要采用机会成本法进行评价。

选取意义：森林通过给生物提供生境而实现维持、保护生物多样性的功能。

（15）地表水调蓄

指标释义：指采用价值计量的方式评价湿地资源地表水调蓄的价值。主要采用影子工程法进行评价。

选取意义：地表水调蓄是湿地一项极其重要的生态功能，往往能减少地表径流、增加地下径流，在汛期削减河川径流量，在枯水期补给水源。

（16）水质净化

指标释义：指采用价值计量的方式评价湿地资源水质净化的价值。主要采用影子工程法进行评价。

选取意义：水质净化是湿地一项极其重要的生态功能，通过水体自净等作用，湿地系统能过滤、沉积、降解、转化进入水体的污染物，达到净化水质的目的。

3.3.5 负债表

3.3.5.1 构建思路

负债表评价指标的构建是国有林场森林生态系统评价指标体系中重要的一环，由于森林生态系统本身就十分复杂，其涉及森林群落组成、结构、能量循环、水分循环、养分循环及环境效益等诸多内容，而其负债表评价指标是最核心、最具指示性和代表性的指标，负债表评价指标的建立是评价森林生态系统可持续发展的关键，指标体系建立的好坏直接关系到森林生态系统健康评价的全面性、科学性和合理性。因此构建森林生态系统负债指标时的思路和方法十分重要。

指标体系的构建思路需要从负债指标的特点出发，首先，针对森林资产存量表评价指标进行初步整理；其次，根据负债指标的可偿还性、高度代表性（总体反映森林生态系统的健康状态）、高度相关性（涉及多方面的价值评价）、高度指示性（是森林生态系统中的"阈值"因素）、自然规律性等特征构建出反映森林生态系统健康的评价体系；最后，对所有指标进行评价赋值，并采用模糊分析法，综合分析提取出综合特点最强、反映负债本质内涵的一批指标，形成本负债表的负债评价指标。

3.3.5.2 评价方法

根据负债指标所需要具备的可偿还性、高度代表性、高度相关性、高度指示性（重要性）、自然规律性等特征，建立一个有关指标功能实现的指标分级评价体系。其中，可偿还性反映了负债指标的直接/间接/不可偿还状态；代表性反映了负债指标能具体反映某类自然资源状态的程度；由于森林生态系统中存在大量的物质、能量交换，因此相关性反映了负债指标与其他自然资源资产的关联程度；指示性反映了负债指标在某类生态过程中具有的"约束"或"阈值"作用；自然规律性则反映了指标受自然波动影响的情况。

根据森林生态系统的特点，构建以上五类评价的分级标准，见表 3-32 ～表 3-36。

表 3-32　可偿还性评价分级标准

可偿还性指数	分级依据
8 ～ 10	通过工程措施可直接实现偿还
6 ～ 8	通过多项工程措施直接实现偿还
4 ～ 6	通过工程措施可间接实现偿还
2 ～ 4	通过多项工程措施间接实现偿还
＜ 2	不受人为影响 / 不可偿还

表 3-33　代表性评价分级标准

代表性指数	分级依据
8 ~ 10	总体上完全反映某类自然资源状态
4 ~ 8	总体上部分反映某类自然资源状态
< 4	总体上难以反映某类自然资源状态

表 3-34　相关性评价分级标准

相关性指数	分级依据
8 ~ 10	与所有森林生态系统的自然资源资产相关
6 ~ 8	与绝大部分森林生态系统的自然资源资产相关
4 ~ 6	与部分森林生态系统的自然资源资产相关
2 ~ 4	与少部分森林生态系统的自然资源资产相关
< 2	仅与自身代表的自然资源资产相关

表 3-35　指示性评价分级标准

指示性指数	分级依据
8 ~ 10	是反映某类资源资产的核心指标
4 ~ 8	是反映某类资源资产的重要指标
< 4	是反映某类资源资产的次要指标

表 3-36　自然规律性评价分级标准

自然规律性指数	分级依据
8 ~ 10	完全根据自然规律变化的指标
6 ~ 8	主要受自然规律影响变化的指标
4 ~ 6	部分受自然规律影响变化的指标
2 ~ 4	难以受到自然规律影响变化的指标
< 2	几乎不受自然规律影响变化的指标

　　最后，将负债指标的评价按照可选取性分为四级指标，核心指标、参考指标、次要指标和排除指标，制定负债指标的等级划分标准，见表 3-37。

表 3-37　等级划分标准

	评价因子	核心指标	参考指标	次要指标	排除指标
1	可偿还性	> 8	> 6	> 4	≤ 2
2	代表性	> 8	> 6	> 4	≤ 2
3	相关性	> 8	> 6	> 4	≤ 2
4	指示性	> 8	> 6	> 4	≤ 2
5	自然规律性	< 2	< 4	< 6	≥ 8

3.3.5.3　模糊分类

由于评价标准涉及多要素，传统的定性分析方法无法科学、合理地进行指标必选，因此本研究利用 1965 年查德提出的模糊集合概念，运用模糊集理论来对主要指标进行分类，试图选出客观、科学的负债指标。

对于有 n 个待分类的对象 $X=\{x_1, x_2, x_3, \cdots, x_n\}$，根据 m 个指标进行分类，则构成了数据集矩阵 $X=(x_{ij})_{m \times n}$。同时将 m 项指标按 c 类级别进行分类，则规定指标标准矩阵 $Y=(y_{ih})_{m \times c}$，$2 \leqslant c$。依据公式（3-2）、公式（3-3）计算出每个对象对应相应指标的相对隶属度 r_{ij}（$i=1, 2, \cdots, m$；$j=1, 2, \cdots, n$）。

级别随指标增大而升高的指标相对隶属度公式为

$$r_{ij}=\begin{cases} 0 & x_{ij} \leqslant y_{1i} \\ (x_{ij}-y_{i1})/(y_{ic}-y_{i1}) & y_{i1}<x_{ij}<y \\ 1 & y_{ic} \leqslant x_{ij} \end{cases} \tag{3-2}$$

级别随指标增大而减小的指标相对隶属度公式为

$$r_{ij}=\begin{cases} 1 & x_{ij} \leqslant y_{ic} \\ (y_{i1}-x_{ij})/(y_{i1}-y_{ic}) & y_{ic}<x_{ij}<y_{i1} \\ 0 & y_{i1} \leqslant x_{ij} \end{cases} \tag{3-3}$$

经计算得到指标相对隶属度矩阵：$R=(r_{ij})_{m \times n}$，$0 \leqslant r_{ij} \leqslant 1$，（$i=1, 2, 3, \cdots, m$；$j=1, 2, 3, \cdots, n$）。由于隶属度本身就包含权重的概念，相对隶属度为每个指标都赋予了不同的权重等级，因此不再给隶属度指标附加权重等级。由公式（3-4）计算出各类标准指标的相对隶属度 S_{ih}（$i=1, 2, 3, \cdots, m$；$h=1, 2, 3, \cdots, c$），因此各标准指标隶属度矩阵 $S=(S_{ih})_{m \times c}$，$0 \leqslant S_{ih} \leqslant 1$。

$$S_{ih}=(y_{ih}-y_{i1})/(y_{ic}-y_{i1}) \qquad y_{i1}<y_{ih}<y \tag{3-4}$$

建立模糊识别矩阵 $U=(u_{hj})_{c \times n}$，其表示将 n 个对象根据设定的 m 个特征指标共分成 c 个级别，并满足条件 $0 \leqslant u_{hj} \leqslant 1$，且同一对象关于不同指标的隶属度之和等于 1，即

$$\sum_{h=1}^{c} u_{hj}=1 \tag{3-5}$$

由指标相对隶属度矩阵 R、各标准指标隶属度矩阵 S 可得出，对象 j 的 m 个指标的指标特征向量 $r_j=(r_{1j}, r_{2j}, \cdots, r_{mj})^{\mathrm{T}}$，$h$ 类标准下 m 个指标的特征向量 $s_h=(s_{1h}, s_{2h}, \cdots, s_{mh})^{\mathrm{T}}$。

同时这里利用广义欧氏距离来表征第 j 个对象与 h 类标准的差异性，

$$d_{hj} = \| r_j - s_h \| = \left[\sum_{i=1}^{m} (r_{ij} - s_{ih})^2 \right]^{\frac{1}{2}} \tag{3-6}$$

由于模糊识别矩阵 $\boldsymbol{U} = (u_{hj})_{c \times n}$ 表示的是第 j 个对象关于 h 类级别的总体隶属程度，因此可将 u_{hj} 作为对象 j 关于 h 类标准的权重引入广义欧式距离，得出 $D_{hj} = u_{hj}\, d_{hj}$。该方法能合理、全面地描述对象 j 关于标准模式 h 之间的聚类程度。同时为了使模糊识别矩阵达到最优化的效果，提出对于所求目标函数，能使得所有对象关于各标准模式之间的全广义距离平方和最小，即

$$\min \mathrm{F}(u_{hj}) = \sum_{j=1}^{n} \min \left\{ \sum_{h=1}^{c} u_{hj}^2 \left[\sum_{i=1}^{m} (r_{ij} - s_{ih})^2 \right] \right\} \tag{3-7}$$

因此目标函数（3-9）应满足条件 $\sum\limits_{h=1}^{c} u_{hj} = 1$。

同时构造 Lagrange 函数，将约束极值问题转化成为无条件极值问题，得到相应函数为

$$L(u_{hj}, \lambda) = \sum_{h=1}^{c} u_{hj}^2 \left[\sum_{i=1}^{m} (r_{ij} - s_{ih})^2 \right] - \lambda \left(\sum_{h=1}^{c} u_{hj} - 1 \right) \tag{3-8}$$

解得

$$u_{hj} = \sum_{k=m_j}^{M_j} \left[\frac{\sum\limits_{i=1}^{m} (r_{ij} - s_{ih})^2}{\sum\limits_{i=1}^{m} (r_{ij} - s_{ik})^2} \right] \tag{3-9}$$

同时为了简化运算，将 r_{ij} 逐一与各标准指标隶属度矩阵 $\boldsymbol{S}$ 中指标 i 的各类标准相对隶属度值进行比较，统计所有指标的类别范围，并集得到最小类别 m_j、最大类别 M_j，$[m_j, M_j]$ 即为 k 值的取值范围，当 $h < m_j$ 或 $h > M_j$ 时，显然有 $u_{hj} = 0$，因此得到下式：

$$u_{hj} = \begin{cases} 1 & h = m_j = M_j \\[2mm] 1 / \sum\limits_{k=m_j}^{M_j} \left[\dfrac{\sum\limits_{i=1}^{m} (r_{ij} - s_{ih})^2}{\sum\limits_{i=1}^{m} (r_{ij} - s_{ik})^2} \right] & m_j \leqslant h \leqslant M_j \\[4mm] 0 & h < m_j \text{ 或 } h > M_j \end{cases} \tag{3-10}$$

（$h=1$，2，$\cdots$，c；$j=1$，2，$\cdots$，m）

由公式（3-10）得优化模糊识别矩阵 U，对于同一对象 j 的不同等级隶属度 u_{hj}，由最大隶属度原则，将待分类对象划入隶属度最高的等级之中。

3.3.5.4　指标筛选

根据存量表和质量表的评价指标内容，进行归总等初步指标处理，共形成有林地，河流湿地，湖泊湿地，沼泽湿地，人工湿地，古树名木，林分郁闭度，森林覆盖率，生态功能等级Ⅰ、Ⅱ类林面积占比，单位面积林分蓄积量，林分平均高，林分平均胸径，生物多样性，森林景观等级Ⅰ、Ⅱ、Ⅲ类林面积占比，珍稀濒危物种资源等 15 项指标。

根据可偿还性（因子 1）、代表性（因子 2）、相关性（因子 3）、指示性（因子 4）、自然规律性（因子 5）五类评价的分级标准，对 15 项指标的五类评价指标采用专家打分法进行打分，得到评价因子值，见表 3-38。

表 3-38　指标评价因子值

序号	指标	因子 1	因子 2	因子 3	因子 4	因子 5
1	有林地	10	6	8	6	2
2	河流湿地	8	8	6	8	3
3	湖泊湿地	8	8	2	6	4
4	沼泽湿地	8	7	9	8	5
5	人工湿地	10	2	2	0	6
6	古树名木	6	8	4	4	1
7	林分郁闭度	6	8	5	4	2
8	森林覆盖率	6	9	8	8	2
9	生态功能等级Ⅰ、Ⅱ类林面积占比	8	8	8	8	3
10	单位面积林分蓄积量	4	10	8	8	2
11	林分平均高	2	4	6	6	1
12	林分平均胸径	3	5	8	6	1
13	生物多样性	4	8	4	4	2
14	森林景观等级Ⅰ、Ⅱ、Ⅲ类林面积占比	2	2	2	4	6
15	珍稀濒危物种资源	4	8	8	9	1

将表 3-38、表 3-39 数据代入公式（3-2）、公式（3-3）得到指标相对隶属度矩阵：$R=(r_{ij})_{5 \times 15}$：

$$R_{5\times15}=\begin{cases} 1.000 & 1.000 & 1.000 & 1.000 & 1.000 & 0.667 & 0.667 & 0.667 & 1.000 & 0.333 & 0.000 & 0.167 & 0.333 & 0.000 & 0.333 \\ 0.667 & 1.000 & 1.000 & 0.833 & 0.000 & 1.000 & 1.000 & 1.000 & 1.000 & 1.000 & 0.333 & 0.500 & 1.000 & 0.000 & 1.000 \\ 1.000 & 0.667 & 0.000 & 1.000 & 0.000 & 0.333 & 0.500 & 1.000 & 1.000 & 0.667 & 1.000 & 0.333 & 0.000 & 1.000 \\ 0.667 & 1.000 & 0.667 & 1.000 & 0.000 & 0.333 & 0.333 & 1.000 & 1.000 & 0.667 & 0.667 & 0.333 & 0.333 & 1.000 \\ 1.000 & 0.833 & 0.667 & 0.500 & 0.333 & 1.000 & 1.000 & 1.000 & 0.833 & 1.000 & 1.000 & 1.000 & 0.333 & 1.000 \end{cases} \quad (3\text{-}11)$$

同理将数据代入公式（3-4）得到标准指标隶属度矩阵 $S_{5\times4}$：

$$S_{5\times4}=\begin{cases} 0.000 & 0.333 & 0.667 & 1.000 \\ 0.000 & 0.333 & 0.667 & 1.000 \\ 0.000 & 0.333 & 0.667 & 1.000 \\ 0.000 & 0.333 & 0.667 & 1.000 \\ 0.000 & 0.333 & 0.667 & 1.000 \end{cases} \quad (3\text{-}12)$$

不同样本的 k 值上限和下限不一定相同，因此需要对每一个对象确立其 k 值范围大小。以 r_{i1}（林地资源）举例，r_{i1}= （1.000，0.667，1.000，0.667，1.000）^{T}，将 r_{11}=1.000 与 $S_{5\times4}$ 的第一行比较，其值落入 0.704 与 0.905 之间，因此其位于第四级。同理推导其他因子值可得 m_j=3，M_j=4，可知 r_{i1} 的 k 值范围为 [3，4]。将数据代入公式（3-10），可得 u_{11}=0.000，u_{21}=0.000，u_{31}=0.400，u_{41}=0.600，对比可以看出 u_{41} 值最大，根据最大隶属度原则，将林地资源分入四级指标。同理对其他 14 个指标的 u_{ij} 进行计算，得到相对隶属度矩阵 $U_{4\times15}$：

$$U_{4\times15}=\begin{cases} 0.000 & 0.000 & 0.099 & 0.000 & 0.289 & 0.000 & 0.000 & 0.000 & 0.000 & 0.000 & 0.129 & 0.086 & 0.000 & 0.536 & 0.000 \\ 0.000 & 0.000 & 0.235 & 0.000 & 0.412 & 0.216 & 0.182 & 0.000 & 0.000 & 0.116 & 0.331 & 0.222 & 0.274 & 0.357 & 0.116 \\ 0.400 & 0.278 & 0.431 & 0.366 & 0.206 & 0.486 & 0.519 & 0.187 & 0.000 & 0.371 & 0.386 & 0.469 & 0.438 & 0.000 & 0.371 \\ 0.600 & 0.722 & 0.235 & 0.511 & 0.093 & 0.216 & 0.233 & 0.750 & 0.927 & 0.463 & 0.155 & 0.222 & 0.183 & 0.000 & 0.463 \end{cases} \quad (3\text{-}13)$$

根据相对隶属度矩阵 $U_{4\times15}$ 可知，有林地，河流湿地，沼泽湿地，森林覆盖率，生态功能等级 I、II 类林面积占比，单位面积林分蓄积量，珍稀濒危物种资源共 7 个指标属于核心指标；湖泊湿地、古树名木、林分郁闭度、林分平均高、林分平均胸径、生物多样性共 6 个指标属于参考指标；人工湿地与森林景观等级 I、II、III 类林面积占比 2 个指标属于排除指标。考虑到湖泊湿地也属于重要的湿地类型，具有水源涵养、地表水调蓄、水文保持、提供生境等重要的生态系统服务功能，此处负债表指标也将湖泊湿地纳入。因此，广东省国有林场负债表指标选择有林地，河流湿地，湖泊湿地，沼泽湿地，森林覆盖率，生态功能等级 I、II 类林面积占比，单位面积林分蓄积量，珍稀濒危动物和珍稀濒危植物（珍稀濒危物种资源）共 9 个指标作为负债表的负债指标（表 3-39）。

表 3-39　国有林场森林资源资产负债评价指标体系

序号	资源类型	负债指标	单位	负债	负债率(%)
1	森林资源	有林地	hm²		
2		森林覆盖率	%		—
3		单位面积林分蓄积量	m³/hm²		—
4		生态功能等级Ⅰ、Ⅱ类林面积占比	%		—
5	湿地资源	河流湿地	hm²		
6		湖泊湿地			
7		沼泽湿地			
8	珍稀濒危物种资源	珍稀濒危动物	种		
9		珍稀濒危植物			

3.3.6　国有林场森林资源资产负债表指标体系

综合上文的研究内容，可以得到广东省国有林场森林资源资产负债表体系（表 3-40 ～表 3-44）。

表 3-40　国有林场森林资源资产存量表

序号	资源类型	评价指标		单位	期初量	期末量
1	森林资源	地类	有林地　乔木林	hm²		
2			竹林			
3			红树林			
4			灌木林地			
5			疏林地			
6			小计			
7		林种	生态公益林　防护林			
8			特殊用途林			
9			小计			
10			商品林　用材林			
11			薪炭林			
12			经济林			
13			小计			
14		优势树种	杉	m³		
15			松			
16			其他针叶树			
17			桉			
18			速生相思			
19			其他阔叶树			
20			针阔混交林			
21			竹林	株/hm²		

续表

序号	资源类型		评价指标	单位	期初量	期末量
22	森林资源	优势树种	红树林	t/hm²		
23		古树名木	树龄 500 年以上	株		
24			树龄 300 ~ 500 年			
25			树龄 100 ~ 300 年			
26			名木			
27	湿地资源		河流湿地	hm²		
28			湖泊湿地			
29			沼泽湿地			
30			人工湿地			
31	珍稀濒危物种资源		珍稀濒危动物	种		
32			珍稀濒危植物	种		

表 3-41　国有林场森林资源资产质量表

序号	评价指标				单位	期初量	期末量
1	森林资源	森林覆盖率			%		
2		林分郁闭度			—		
3		单位面积林分蓄积量			m³/hm²		
4		单位面积林分生物量			t/hm²		
5		林分平均高			m		
6		林分平均胸径			cm		
7		生态功能等级Ⅰ、Ⅱ类林面积占比			%		
8		森林景观等级Ⅰ、Ⅱ、Ⅲ类林面积占比			%		
9		生物多样性指数			—		
10	森林灾害	病虫害	等级		—		
11			成灾面积		hm²		
12		森林火灾	等级		—		
13			受灾面积		hm²		
14	土地退化	石漠化	等级		—		
			面积		hm²		
15		沙化	等级		—		
			面积		hm²		
16		土壤侵蚀	面状	等级	—		
				面积	hm²		
17			沟状	等级	—		
				面积	hm²		
18			崩塌	等级	—		
				面积	hm²		

表3-42 国有林场森林资源资产流向表

序号	资源类型	评价指标		单位	资产流向													
					人为干扰						森林灾害			自然干扰 土地退化			其他原因	
					上级		林木采伐	人工造林	本级 其他原因		病虫害	森林火灾	气候灾害	石漠化	沙化	土壤侵蚀	变化量	变化原因
					变化量	变化原因			变化量	变化原因								
1	林地	生态公益林		hm²														
2		商品林		hm²														
3	林木	乔木林	蓄积	m³														
4			面积	hm²														
5		竹林	面积	hm²														
6		红树林	面积	hm²														
7	古树名木	古树	数量	株														
8		名木	数量	株														
9	森林资源	生态质量	森林覆盖率	%														
10			林分郁闭度	—														
11			单位面积林分蓄积量	m³/hm²														
12			单位面积林分生物量	t/hm²														
13			林分平均高	m														
14			林分平均胸径	cm														
15			生态功能等级I、II类林面积占比	%														
16			森林景观等级I、II、III类林面积占比	%														
17	湿地资源	河流湿地		hm²														
18		湖泊湿地		hm²														
19		沼泽湿地		hm²														
20		人工湿地		hm²														
21	珍稀物种资源	珍稀濒危动物		种														
22		珍稀濒危植物		种														

表 3-43　国有林场森林资源资产价值量表

序号	评价指标			期初单位面积价值（元）	期末单位面积价值（元）	期初总价值（元）	期末总价值（元）
1	经济效益	森林资源	林地资源				
2			林木资源 乔木林				
3			林木资源 竹林				
4			其他林产品				
5			古树名木				
6		湿地资源	提供动物饵料				
7			淡水供给				
8			水力发电				
9		珍稀濒危物种资源	珍稀濒危动物				
10			珍稀濒危植物				
11	生态效益	森林资源	涵养水源 调节水量				
11			涵养水源 净化水质				
12			固土保肥 固土				
12			固土保肥 保肥				
13			固碳释氧 固碳				
13			固碳释氧 释氧				
14			区域气候调节				
15			净化大气 吸收污染物 吸收二氧化硫				
15			净化大气 吸收污染物 吸收氮氧化物				
15			净化大气 吸收污染物 吸收氟化物				
15			净化大气 吸收污染物 滞尘				
15			净化大气 生产负离子				
16			生物多样性保护				
17		湿地资源	地表水调蓄				
18			水质净化				
19			区域气候调节				
20			固碳释氧 固碳				
21			固碳释氧 释氧				
22			净化大气 吸收污染物 吸收二氧化硫				
23			净化大气 吸收污染物 吸收氮氧化物				
24			净化大气 吸收污染物 吸收氟化物				
25			净化大气 吸收污染物 滞尘				
26			生产负离子				
27			生物多样性保护				

表 3-44   国有林场森林资源资产负债表

序号	资源类型	负债指标	单位	负债	负债率(%)
1	森林资源	有林地	hm^2		—
2		森林覆盖率	%		—
3		单位面积林分蓄积量	m^3/hm^2		—
4		生态功能等级Ⅰ、Ⅱ类林面积占比	%		—
5	湿地资源	河流湿地	hm^2		
6		湖泊湿地			
7		沼泽湿地			
8	珍稀濒危物种资源	珍稀濒危动物	种		
9		珍稀濒危植物			

3.4   森林公园森林资源资产负债表评价指标

3.4.1   评价方法

森林公园是以森林自然环境为依托,具有优美的景色和科学教育、游览休息价值的一定规模的地域,经科学保护和适度建设,为人们提供旅游、观光、休闲和科学教育活动的特定场所。与国有林场相比,森林公园对森林资源的美学要求更高,除保护森林景色自然特征外,还要根据造园要求适当加以整顿布置。此外,森林公园的服务功能更加综合,是一个具有建筑、疗养、林木经营等多种功能的综合体。同时,它还是一种以保护为前提,利用森林的多种功能为人们提供各种形式旅游服务、可进行科学文化活动的经营管理区域。鉴于此,我国针对森林公园森林资源资产的调查和评价,与国有林场相比,范围更加宽泛,涉及森林资源质量、自然景观、人文景观、环境质量、地理位置、旅游设施等多方面。

3.4.1.1   《中国森林公园风景资源质量等级评定》

为了规范我国森林公园风景资源质量等级评定,国家质量技术监督局于1999年发布了《中国森林公园风景资源质量等级评定》(GB/T 18005—1999),该标准中分地文资源、水文资源、生物资源、人文资源和天象资源类对森林公园风景资源质量进行评价,并综合考虑各类资源之间的组合状况,以及对森林公园的特色进行附加打分。评价因子包括地带度、珍稀度、多样度、科学度、吸引度、典型度、利用度等。并按照资源间相互地位和重要性确定各自的权重,最后得出每类因子的评价值，经加权计算得出森林公园风景资源的基本质量评价分值，评价因子的评分值见表 3-45 ～表 3-49。该标准的具体评价指标包含风景资源质量评价、区域环境质量评价和旅游开发利用条件评价三个方面，是以森林公园资源的详细调查为基础进行的综合性评价。

表 3-45　地文资源评分值

评价因子	权值	极强	强	较强	弱
典型度	5	5	3～4	2	0～1
自然度	5	5	3～4	2	0～1
吸引度	4	4	3	2	0～1
多样度	3	3	2	1	0～1
科学度	3	3	2	1	0～1

表 3-46　水文资源评分值

评价因子	权值	极强	强	较强	弱
典型度	5	5	3～4	2	0～1
自然度	5	5	3～4	2	0～1
吸引度	4	4	3	2	0～1
多样度	3	3	2	1	0～1
科学度	3	3	2	1	0～1

表 3-47　生物资源评分值

评价因子	权值	极强	强	较强	弱
地带度	10	8～10	6～7	3～5	0～2
珍稀度	10	8～10	6～7	3～5	0～2
多样度	8	6～8	4～5	2～3	0～1
吸引度	6	5～6	4	2～3	0～1
科学度	6	5～6	4	2～3	0～1

表 3-48　人文资源评分值

评价因子	权值	极强	强	较强	弱
珍稀度	4	4	3～4	2	0～1
典型度	4	4	3～4	2	0～1
多样度	3	3	2	1～2	0～1
吸引度	2	2	1～2	0.5～1	0～0.5
利用度	2	2	1～2	0.5～1	0～0.5

表 3-49　天象资源评分值

评价因子	权值	极强	强	较强	弱
多样度	1	0.8～1	0.5～0.7	0.3～0.4	0～0.2
珍稀度	1	0.8～1	0.5～0.7	0.3～0.4	0～0.2
典型度	1	0.8～1	0.5～0.7	0.3～0.4	0～0.2
吸引度	1	0.8～1	0.5～0.7	0.3～0.4	0～0.2
利用度	1	0.8～1	0.5～0.7	0.3～0.4	0～0.2

3.4.1.2　《广东森林公园质量等级划分与评定》

在《中国森林公园风景资源质量等级评定》基础上，广东省 2013 年制定并发布了《广东森林公园质量等级划分与评定》（DB44/T 1228—2013），该标准明确规定了广东省森林公园的质量等级与标志、等级评定条件、评定内容与指标、评定方法等内容。这一标准的评价指标设置比国家标准更加具体，涉及森林生态环境质量、森林风景资源质量与保护、旅游服务设施、旅游产品、经营管理和游客意见六大类指标，对于其中大部分指标采用的是定性评价的方法（表3-50）。

表 3-50　广东省森林公园质量评定指标

一级指标	二级指标	三级指标
森林生态环境质量	森林环境	森林覆盖率、森林群落、林相
	生态环境质量	空气环境质量、地表水环境质量、声环境质量、土壤环境质量、空气负氧离子含量
森林风景资源质量与保护	自然景观资源	生物景观、植物、动物、古树名木、地文景观、体量、特征、水文景观、体量、特征、天象景观
	人文景观资源	森林文化、文物古迹、民俗风情
	生态公益林建设与保护	生态公益林建设、生态公益林保护
	文物、古迹、古建筑保护	
旅游服务设施	接待设施	设施布局、设施类型、建筑风格、建筑体量
	游客中心	位置和规模、服务项目设置
	交通设施	外部交通、便捷程度、连接公路等级、交通方式、内部交通、类型和数量、路面与材料、区内交通工具、区内交通标识、停车场
	给水设施	水源和容量、给水质量
	污水处理	处理设施、达标排放
	垃圾箱和固体废弃物处理	垃圾箱、废弃物处理
	公共厕所	位置、数量、卫生管理
	通信网络设施	电信、邮政、互联网
	安全设施	森林防火设施、建（构）筑物消防设施、安全防护和监控设施
	森林生态文化设施	森林生态文化基础设施、生态文化产品和科普游览项目

续表

一级指标	二级指标	三级指标
旅游产品	旅游产品丰度	休憩服务型、运动健身型、观光游览型、休闲娱乐型、采摘尝购型、森林保健型、科普教育型、创新型
	森林旅游产品特色	森林主题游览线路、主题森林旅游产品游客参与度
	旅游产品吸引力	
经营管理	经营业绩	年接待人次、年旅游收入
	管理机构与制度	管理机构、规章制度、人力资源配置
	旅游标识和解说系统	旅游标识、解说系统、导游人才培训
	市场推广	推广内容、推广方式、知名度
	游客服务	信息发布、行为引导、投诉处理
	安全管理	机构与制度、应急事故处置预案、应急救护

综合来看，森林公园的质量评价更侧重于森林的旅游服务功能，而森林资源本身的质量、数量等指标所占的权重相对较小。由于我们构建森林公园森林资源资产负债表的主要目的是加强对森林资源资产的保护与管理，因此在负债表评价指标的筛选上，一方面从森林资源管理角度出发，基于国有林场森林资源资产负债表指标体系的评价指标，采用定性分析的方法，以森林资源评价为核心构建森林公园的森林资源资产负债表指标体系；另一方面要充分考虑广东省森林公园的功能特点，综合考虑森林资源的典型性、观赏性、地带性、稀缺性和服务性，吸纳森林公园质量评价中有关森林风景资源质量与保护的相关评价指标，综合构建科学合理的森林公园森林资源资产负债表。

3.4.2　存量表

3.4.2.1　存量表指标筛选

存量表评价指标体系是在国有林场森林资源存量评价指标的基础上筛选和归总得到的，同样采用森林资源、湿地资源和珍稀濒危物种资源三大分类（表3-51）。

表 3-51　森林公园森林资源存量评价指标体系

序号	资源类型	评价指标			单位
1	森林资源	林种	生态公益林		hm²
2			商品林		
3		地类	有林地	乔木林	
4				竹林	
5				红树林	
6			灌木林地		

序号	资源类型	评价指标		单位
7	森林资源	地类	疏林地	hm²
8			小计	
9		优势树种	杉	m³
10			松	
11			其他针叶树	
12			桉	
13			速生相思	
14			其他阔叶树	
15			针阔混交林	
16		古树名木	树龄 500 年以上	株
17			树龄 300～500 年	
18			树龄 100～300 年	
19			名木	
20	湿地资源		河流湿地	hm²
21			湖泊湿地	
22			沼泽湿地	
23			人工湿地	
24	珍稀濒危物种资源		珍稀濒危动物	种
25			珍稀濒危植物	种

3.4.2.2　指标说明

（1）林种

指标释义：将森林（林地）类别按主导功能的不同分为生态公益林和商品林两个类别。生态公益林包含以保护和改善人类生存环境、维持生态平衡、保存物种资源、科学实验、森林旅游、国土保安等需要为主要经营目的的有林地、疏林地、灌木林地和其他林地。商品林包含以生产木材、竹材、薪材、干鲜果品和其他工业原料等为主要经营目的的有林地、疏林地、灌木林地和其他林地。

计算方法：按生态公益林和商品林两类分别统计面积。

数据来源：各森林公园管理单位、二类调查数据。

选取意义：按林地类别统计林地资源，反映林地经营方式和经营导向，体现森林公园对我省生态建设和自然保护事业的发展，推动林区产业结构的合理调整和林业对森林风景资源的经济利用方式的转变。

（2）地类

指标释义：依据土地的森林植被覆盖特征进行划分的土地分类。本次土地分类不涉及非林地、未成林地等土地利用类型，具体统计有林地、灌木林地和疏林地的面积。相关技术标准参照《广东省森林资源规划设计调查操作细则》。

计算方法：按森林植被覆盖特征统计面积。

数据来源：二类调查数据。

选取意义：土地类型是从用地指标与现状上反映林木资源的具体情况，具有宏观把握森林资源的意义。除了有林地外，在广东省国有林场中灌木林地也具有相当的比重，其自然资源保有量较大。同时，红树林也是极为重要的自然资源，其生态系统服务价值较高。

（3）优势树种

指标释义：在一个林分内，数量最多的（一般指蓄积量所占的比例最大的）树种。

计算方法：有蓄积乔木林、疏林林地小班，其优势树种（组）按蓄积量组成比重确定。小班内蓄积量占总蓄积量 65% 以上的树种（组）为优势树种（组），单一树种达不到优势树种（组）蓄积要求的小班，则以针叶混交林、针阔混交林、阔叶混交林等类型判定，或者按经营目的确定小班优势树种（组）。无蓄积乔木林地、疏林地、未成林地小班，则按各树种株数比例确定。红树林优势树种（组）一律明确为红树林，不细分到具体红树林树种。

数据来源：二类调查数据。

选取意义：优势树种主要按照不同的树种从蓄积方面反映林木资源的情况。蓄积是反映林木资源丰富度的关键性指标，能从基本面上反映森林公园内林木资源的价值。

（4）古树名木

指标释义：指一般树龄在百年以上的大树和稀有、名贵或具有历史价值、纪念意义的树木的数量。

数据来源：二类调查数据。

选取意义：古树名木具有不可忽视的文化价值、历史价值和景观价值。

（5）湿地资源

指标释义：湿地资源是指天然的或人工的、永久的或暂时的沼泽地、泥炭地、水域地带，带有静止或流动、淡水或半咸水及咸水水体，包括低潮时水深不超过 6m 的海域，以及邻近湿地的河滨和海岸地区，并包括岛屿或湿地范围内低潮时超过 6m 的海域。沼泽、泥炭地、湿草甸、湖泊、河流、滞蓄洪区、河口三角洲、滩涂、水库、池塘、水稻田，以及低潮时水深浅于 6m 的海域地带均属于湿地范畴。

数据来源：二类调查数据。

选取意义：湿地是重要的生态系统类型，具有生物栖息地、水资源供给、水文调节、水质净化、提供生态产品等多种重要的生态系统服务功能。

（6）珍稀濒危物种资源

指标释义：指出现在《IUCN 红色名录》、《濒危野生动植物种国际贸易公约》（CITES）附录、《国家重点保护野生动植物名录》及《广东省重点保护陆生野生动物名录》等名录上的珍稀濒危动植物种类和数量。

计算方法 / 数据来源：按照相关研究规范，建立监测统计标准。

选取意义：从生态系统的角度来考虑，从资源类型的完整性上，纳入珍稀濒危物种资源实物量指标。

3.4.3 质量表

3.4.3.1 质量表指标筛选

质量表评价指标体系主要是将《中国森林公园风景资源质量等级评定》与《广东森林公园质量等级划分与评定》结合，综合反映出森林公园森林生态系统的质量状态。其中包含了森林环境质量、自然景观质量、生态环境质量、森林灾害四大类（表 3-52）。

表 3-52 森林公园森林资源质量评价指标体系

序号	评价指标			单位
1	森林环境质量	森林覆盖率		—
2		森林群落		—
3		林相		—
4	自然景观质量	生物景观	动物	—
5			植物	—
6		地文景观	体量	—
			特征	—
7		水文景观	体量	—
			特征	—
8		天象景观		—
9	生态环境质量	地表水环境质量		—
10		空气环境质量		—
11		声环境质量		—
12		土壤环境质量		—
13		空气负氧离子浓度		个 /cm^3
14	森林灾害	病虫害	等级	—
15			成灾面积	hm^2
16		森林火灾	等级	—
17			受灾面积	hm^2

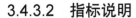

3.4.3.2 指标说明

（1）森林景观质量

指标释义：指以森林为主体，可供游憩、观赏的森林环境。指标下设森林覆盖率、森林群落、林相三大评价因子。森林覆盖率是指森林公园内森林面积占土地面积的百分比；森林群落包含了天然林或阔叶混交林面积占比，反映植物群落丰富程度；林相主要指森林的林木层次及不同季节表现的外貌情况。

计算方法：按照《广东森林公园质量等级划分与评定》（DB44/T 1228—2013）打分得到。

数据来源：各森林公园管理单位。

选取意义：森林景观是森林公园景观资源的核心，是森林公园休闲、游憩功能的最大价值体现。同时该指标也是《广东森林公园质量等级划分与评定》正在实行的指标，数据可获取性大、权威性较高。

（2）生物景观

指标释义：主要是指动物及植物的生物群落，反映其间接地、潜在地、长远地对森林公园生存和发展产生的影响。

计算方法：按照《广东森林公园质量等级划分与评定》（DB44/T 1228—2013）打分得到。

数据来源：各森林公园管理单位。

选取意义：生态资源能从动物、植物两个角度反映森林公园的物种丰富程度、体现森林公园的生物多样性保护等价值。

（3）地文景观

指标释义：是指地球内、外应力综合作用于地球岩石圈而形成的各种现象与事物的总称。指标又下设体量与特征两因子，体量主要从地理海拔评价森林公园山体、山势险峻程度；特征表征山体景观的独特性与美学特性。

计算方法：按照《广东森林公园质量等级划分与评定》（DB44/T 1228—2013）通过外业打分得到。

数据来源：各森林公园管理单位。

选取意义：地文景观是森林公园景观资源的重要组分之一，优秀的地文景观资源对提升整个森林公园景观资源具有重大意义。同时该指标也是《广东森林公园质量等级划分与评定》正在实行的指标，数据可获取性大、权威性较高。

（4）水文景观

指标释义：指以地表水水域为主体，可供游憩、观赏的水生生态环境。指标下设体量、特征两个评价因子，分别从水域面积、景观优美和奇峻程度来共同反映水文景观。

计算方法：按照《广东森林公园质量等级划分与评定》（DB44/T 1228—2013）通过外业打分得到。

数据来源：各森林公园管理单位。

选取意义：水文景观是森林公园景观资源的重要组分，是森林公园涉水休闲、游憩功能的价值体现。同时该指标也是《广东森林公园质量等级划分与评定》正在实行的指标，数据可获取性大、权威性较高。

（5）天象景观

指标释义：指漫山云雾、日出日落等自然独特的天文气象景观。

计算方法：按照《广东森林公园质量等级划分与评定》（DB44/T 1228—2013）通过外业打分得到。

数据来源：各森林公园管理单位。

选取意义：天象景观是森林公园景观资源的组成部分，能从一定层面反映出森林公园的休闲、游憩、美学、科研教育价值。同时该指标也是《广东森林公园质量等级划分与评定》正在实行的指标，数据可获取性大、权威性较高。

（6）生态环境质量 - 地表水环境质量

指标释义：指依据地表水水域环境功能和保护目标进行的水环境质量评价（相关技术标准参照《地表水环境质量标准》），具体按照水的迁移过程与用途分为景观水和饮用水。

计算方法：按照《广东森林公园质量等级划分与评定》（DB44/T 1228—2013）打分得到。

数据来源：各森林公园管理单位。

选取意义：地表水环境质量是评价水资源质量的关键性指标，综合反映森林公园的水环境健康程度及其涵养水源、净化水质的能力。

（7）生态环境质量 - 空气环境质量

指标释义：指森林公园内大气环境质量健康 / 优良程度，其评价因子为空气质量指数（AQI）优良率和 PM2.5 浓度两个方面。其中 AQI 是定量描述空气质量状况的无量纲指数，定量评价了细颗粒物、可吸入颗粒物、二氧化硫、二氧化氮、臭氧、一氧化碳等 6 项大气污染物，是空气环境质量评价中的综合指标；PM2.5 浓度是指空气环境中空气动力学当量直径小于等于 2.5μm 的颗粒物，是当下人们较为关注的空气环境质量热点之一。

计算方法：按照《广东森林公园质量等级划分与评定》（DB44/T 1228—2013）打分得到。

数据来源：各森林公园管理单位。

选取意义：空气环境质量是森林公园内空气环境资源评价的主要指标，用于体现人们对良好空气的需求，同时大气净化能力是森林生态系统服务功能的重要体现。同时该指标也是《广东森林公园质量等级划分与评定》正在实行的指标，数据可获取性大、权威性较高。

（8）生态环境质量 - 声环境质量

指标释义：指依据声环境功能和保护目标进行的声环境质量评价（相关技术标准参照《声环境质量标准》）。

计算方法：按照《广东森林公园质量等级划分与评定》（DB44/T 1228—2013）打分得到。

数据来源：各森林公园管理单位。

选取意义：声环境质量是评价森林园区声环境的关键性指标，良好的声环境对生态特别是动物的繁衍和旅游体验具有促进提升作用。

（9）生态环境质量 - 土壤环境质量

指标释义：指依据土壤环境功能和保护目标进行的土壤环境质量评价（相关技术标准参照《土壤环境质量标准》）。

计算方法：按照《广东森林公园质量等级划分与评定》（DB44/T 1228—2013）打分得到。

数据来源：各森林公园管理单位。

选取意义：土壤环境质量是评价森林园区土壤环境的关键性指标，良好的土壤环境对动植物的栖息与生长具有良好的支撑作用，也是森林资源的重要支撑指标。

（10）生态环境质量 - 空气负氧离子浓度

指标释义：指单位体积林下空间的空气负氧离子的个数。

数据来源：各森林公园管理单位。

选取意义：是衡量空气清洁度的重要指标之一，满足森林公园生态旅游、健康疗养的需要，同时也为核算森林生产负氧离子的功能提供计算参数。

（11）病虫害

指标释义：指受病虫害影响的林地面积百分比。

数据来源：二类调查数据。

选取意义：从生态灾害的层面评价森林健康程度。

（12）森林火灾

指标释义：指受火灾害影响的林地面积百分比。

数据来源：二类调查数据。

选取意义：从森林火灾的层面评价森林健康程度。

3.4.4 流向表

3.4.4.1 指标筛选

森林公园森林资源资产流向表反映的是森林公园森林资源资产实物存量和质量变化的原因，同时也可以表明森林资源资产价值变化的客观原因，作为森林资源资产负债表的重要组成，为明确森林资源资产损益的责任划分提供了依据。森林公园森林资源评价指标体系构建的流向表，包括森林资源、湿地资源、珍稀濒危物种资源、森林环境质量、自然景观质量、生态环境质量共六大部分（表3-53）。

表3-53 广东省森林公园森林资源流向评价指标体系

序号	资源类型	评价指标		单位
1	森林资源	生态公益林		hm²
2		商品林		
3		乔木林	面积	hm²
4		竹林	面积	hm²
5		红树林	面积	hm²
6		古树名木	古树	株
7			名木	
8	湿地资源	河流湿地		hm²
9		湖泊湿地		
10		沼泽湿地		
11		人工湿地		
12	珍稀濒危物种资源	珍稀濒危动物		种
13		珍稀濒危植物		种
14	森林环境质量	森林覆盖率		—
15		森林群落		—
16		林相		—
17	自然景观质量	生物景观	动物	—
18			植物	—
19		地文景观	体量	—
20			特征	—
21		水文景观	体量	—
22			特征	—
23	生态环境质量	地表水环境质量		—
24		空气环境质量		—
25		声环境质量		—
26		土壤环境质量		—

3.4.4.2　指标说明

流向表指标均来源于存量表和质量表，因此本部分指标说明见 3.4.2 及 3.4.3。

3.4.5　价值量表

3.4.5.1　指标筛选

以国有林场森林资源价值量评价指标体系（表 3-32）为基础构建森林公园森林资产负债表，结合森林资源资产存量表指标体系（表 3-52），重点考虑森林公园作为人们旅游、观光、休闲和科学教育活动重要场所，其具有的重要经济、生态和社会效益（表 3-54）。

表 3-54　森林公园森林资源资产价值量评价指标体系

序号	评价指标			
1	经济效益	森林资源	林地资源	
2			林木资源	乔木林
3				竹林
4			其他林产品	
5			古树名木	
6		湿地资源	提供动物饲料	
7			淡水供给	
8			水力发电	
9		珍稀濒危物种资源	珍稀濒危动物	
10			珍稀濒危植物	
11	生态效益	森林资源	涵养水源	调节水量
				净化水质
12			固土保肥	固土
				保肥
13			固碳释氧	固碳
				释氧
14			区域气候调节	
15			净化大气	吸收污染物 → 吸收二氧化硫
				吸收氮氧化物
				吸收氟化物
				滞尘
			生产负氧离子	
16			生物多样性保护	

序号	评价指标			
17	生态效益	湿地资源	地表水调蓄	
18			水质净化	
19			区域气候调节	
20			固碳释氧	固碳
21				释氧
22			净化大气	吸收污染物	吸收二氧化硫
23					吸收氮氧化物
24					吸收氟化物
25					滞尘
26				生产负氧离子	
27			生物多样性保护	
28	社会效益		景观游憩	
29			疗养保健	
30			文化宣教	
31			促进就业	

3.4.5.2 指标说明

（1）林地资源

指标释义：指采用价值计量的方式评价林地土地资源的价值。

选取意义：林地资源价值是森林资源有形资产中的土地资源价值。

（2）林木资源

指标释义：指采用价值计量的方式评价乔木林、竹林林木资源的多少。主要采用市场价值法评价林木资源价值。

选取意义：林木资源是森林资源有形资产的重要组成部分。

（3）其他林产品

指标释义：指采用价值计量的方式评价森林资源除林木资源之外其他主要林产品的产出量。此处采用市场价值法评价其他林产品价值。

选取意义：林木资源不是森林资源有形资产的唯一组成，除此之外，林果、食用原料等也是森林经济产出的一部分。

（4）古树名木

指标释义：指采用价值计量的方式评价古树名木的价值。

选取意义：古树名木是林木资源中的特殊资源，由于其文化历史性而具有极高价值。

（5）提供动物饵料

指标释义：指采用价值计量的方式评价湿地中为动物提供饵料的价值。

选取意义：湿地资源的核心功能之一就是保持生物多样性，为动植物提供栖息、庇护场所，为其提供生命繁衍所需的一切自然条件和要素，提供动物饵料功能属于其中一类。

（6）淡水供给

指标释义：指采用价值计量的方式评价淡水资源的实物量价值。

选取意义：淡水资源是森林生态系统中重要的自然资源，是一切生态资源存在和生态系统服务功能供给的基础。

（7）水力发电

指标释义：指采用价值计量的方式评价通过水力发电带来的经济效益。主要采用市场价值法进行评价。

选取意义：通过蓄水等手段将水资源位能转换为电能，通过人为的方式干预森林生态系统的水量调节来获取水力发电带来的经济效益。

（8）珍稀濒危物种资源

指标释义：指采用价值计量的方式评价珍稀濒危物种资源的实物量价值。

选取意义：珍稀濒危物种资源具有很高的保护价值，珍稀濒危物种资源的价值评价能有效表征珍稀濒危物种资源的保护价值。

（9）涵养水源

指标释义：指采用价值计量的方式评价森林资源调节水量、净化水质两类生态功能的效益。主要采用影子工程法评价涵养水源生态效益。

选取意义：涵养水源是森林一项极其重要的生态功能，往往能减少地表径流、增加地下径流，在汛期削减河川径流量，在枯水期补给水源。通过减缓地表径流，森林能进一步减少进入水体的泥沙，并借由枯枝落叶层对水中的污染物进行过滤，达到净化水质的目的。

（10）固土保肥

指标释义：指采用价值计量的方式评价森林资源固土、保肥两类生态功能的效益。主要采用影子工程法评价森林固土保肥生态效益。

选取意义：植被根系有改良、固持根系的作用，加上林冠层和枯枝落叶层能分散拦截地表径流，森林能有效地防止土壤侵蚀，并达到保留土壤中未流失养分的目的。

（11）固碳释氧

指标释义：指采用价值计量的方式评价森林资源固碳、释氧两类生态功能的效益。主要采用影子工程法评价森林固碳释氧生态效益。

选取意义：绿色植物作为生态系统的初级生产者，具有固碳释氧的天然生理机能。固碳释氧作为一种重要的生态功能，在自然界的物质循环和能量流动中起着重要的调节作用。

（12）区域气候调节

指标释义：指采用价值计量的方式评价森林资源对夏季微气候的调节作用。主要采用影子工程法评价森林区域气候调节服务。

选取意义：森林通过植被蒸腾作用，并在夏季实现区域降温的效果。

（13）净化大气

指标释义：指采用价值计量的方式评价森林资源吸收空气污染物（二氧化硫、氮氧化物、氟化物、粉尘）和生产负氧离子的效益。主要采用影子工程法评价森林净化环境的生态效益。

选取意义：森林生态系统通过吸收、过滤、阻隔、分解等过程将大气中的有毒物质降解和净化，并提供负氧离子物质，提高空气质量。

（14）生物多样性保护

指标释义：指采用价值计量的方式评价森林资源保护生物多样性的价值。主要采用机会成本法进行评价。

选取意义：森林通过给生物提供生境而实现维持、保护生物多样性的功能。

（15）地表水调蓄

指标释义：指采用价值计量的方式评价湿地资源地表水调蓄的价值。主要采用影子工程法进行评价。

选取意义：地表水调蓄是湿地一项极其重要的生态功能，往往能减少地表径流、增加地下径流，在汛期削减河川径流量，在枯水期补给水源。

（16）水质净化

指标释义：指采用价值计量的方式评价湿地资源水质净化的价值。主要采用影子工程法进行评价。

选取意义：水质净化是湿地一项极其重要的生态功能，通过水体自净等作用，湿地系统能过滤、沉积、降解、转化进入水体的污染物，达到净化水质的目的。

（17）景观游憩

指标释义：指采用价值计量的方式评价评价森林公园的景观游憩。

选取意义：森林的景观游憩，尤其是对森林公园来说，是森林资源为人类提供的一项重要的文化休闲服务。其价值评估有利于管理者和使用者认识森林资源的景观性和休闲性。

（18）疗养保健

指标释义：指采用价值计量的方式评价森林公园使人恢复身心、消除疲劳、调整代谢过程、提高免疫力的疗养保健功能。

选取意义：当前人们开始关注身边的环境和自身的健康，渴望到生态环境优良的地方去旅游、度假、疗养，以保持身心的健康。生态保健就是森林公园提供的一项重要生态系统服务，其价值评估有利于管理者和使用者认识森林资源疗养价值。

（19）文化宣教

指标释义：指采用价值计量的方式评价森林公园的生态文明宣教功能。

选取意义：森林生态系统是人们认识森林、亲近自然、了解自然的重要渠道，是弘扬生态文化的重要场所，发挥着向全社会展示林业建设成果、普及生态知识、增强生态意识、弘扬生态文明、倡导人与自然和谐价值观等方面的公益性作用。

（20）促进就业

指标释义：指采用价值计量的方式评价森林公园对区域就业的促进作用。

选取意义：森林生态系统直接和间接地扩大社会就业，提高区域居民生活质量。

3.4.6 负债表

3.4.6.1 指标筛选

根据 3.3.5 的研究结果，国有林场森林资源资产负债表的负债指标是综合反映森林资源存量与质量的核心指标，因此对于森林公园的负债表指标（表 3-55）拟在国有林场森林资源资产负债表研究结果的基础上，选取最具森林公园代表性的指标为森林公园森林资源资产负债表的负债指标。

表 3-55 森林公园森林资源负债评价指标体系

序号	资源类型	负债评价指标	单位
1	森林资源	有林地	hm²
2		古树名木	株
3	湿地资源	河流湿地	hm²
4		湖泊湿地	
5		沼泽湿地	
6	珍稀濒危物种资源	珍稀濒危动物	种
7		珍稀濒危植物	种

序号	资源类型	负债评价指标		单位
8	森林环境质量	森林覆盖率		—
9		森林群落		—
10		林相		—
11	自然景观质量	生物景观	动物	—
12			植物	—
13		地文景观	特征	—
14		水文景观	体量	—
15			特征	—

3.4.6.2　指标说明

负债表指标均来源于存量表和质量表，因此本部分指标说明见 3.4.2 及 3.4.3。

3.4.7　森林公园森林资源资产负债表指标体系

综合前文内容，可以得到广东省森林公园森林资源资产负债表体系（表 3-56～表 3-60）。

表 3-56　森林公园森林资源资产存量表

序号	资源类型	评价指标		单位	期初量	期末量
1	森林资源	林种	生态公益林			
2			商品林			
3		地类	有林地 乔木林	hm²		
4			有林地 竹林			
5			有林地 红树林			
6			灌木林地			
7			疏林地			
8			小计			
9		优势树种	杉	m³		
10			松			
11			其他针叶树			
12			桉			
13			速生相思			
14			其他阔叶树			
15			针阔混交林			
16		古树名木	树龄 500 年以上	株		
17			树龄 300～500 年			

续表

序号	资源类型	评价指标		单位	期初量	期末量
18	森林资源	古树名木	树龄 100 ～ 300 年	株		
19			名木			
20	湿地资源	河流湿地		hm²		
21		湖泊湿地				
22		沼泽湿地				
23		人工湿地				
24	珍稀濒危物种资源	珍稀濒危动物		种		
25		珍稀濒危植物		种		

表 3-57 森林公园森林资源资产质量表

序号	评价指标			单位	资产存量	
					期初量	期末量
1	森林环境质量	森林覆盖率		—		
2		森林群落		—		
3		林相		—		
4	自然景观质量	生物景观	动物	—		
5			植物	—		
6		地文景观	体量	—		
			特征	—		
7		水文景观	体量	—		
			特征	—		
8		天象景观		—		
9	生态环境质量	地表水环境质量		—		
10		空气环境质量		—		
11		声环境质量		—		
12		土壤环境质量		—		
13		空气负氧离子浓度		个 /cm³		
14	森林灾害	病虫害	等级	—		
15			成灾面积	hm²		
16		森林火灾	等级	—		
17			受灾面积	hm²		

表 3-58　森林公园森林资源资产流向表

序号	资源类型	评价指标		单位	资产流向									
					人为干扰				自然干扰					
					本级		上级		森林灾害			土地退化	其他原因	
					变化量	变化原因	变化量	变化原因	病虫害	森林火灾	气候灾害		变化量	变化原因
1	森林资源	生态公益林		hm²										
		商品林												
2		乔木林	面积	hm²										
3		竹林	面积	hm²										
4		红树林	面积	hm²										
5		古树名木	古树	株										
6			名木											
7	湿地资源	河流湿地		hm²										
8		湖泊湿地												
9		沼泽湿地												
10		人工湿地												
11	珍稀濒危物种资源	珍稀濒危动物		种										
12		珍稀濒危植物		种										
13	森林环境质量	森林覆盖率		—										
14		森林群落		—										
15		林相		—										
16	自然景观质量	生物景观	动物	—										
17			植物	—										
18		地文景观	体量	—										
19			特征	—										
20		水文景观	体量	—										
21			特征	—										
22	生态环境质量	地表水环境质量		—										
23		空气环境质量		—										
24		声环境质量		—										
25		土壤环境质量		—										

表 3-59　森林公园森林资源资产价值量表

序号	评价指标			期初总价值(元)	期末总价值(元)
1	经济效益	森林资源	林地资源		
2			林木资源　乔木林		
3			林木资源　竹林		
4			其他林产品		
5			古树名木		
6		湿地资源	提供动物饲料		
7			淡水供给		
8			水力发电		
9		珍稀濒危物种资源	珍稀濒危动物		
10			珍稀濒危植物		
11	生态效益	森林资源	涵养水源　调节水量		
			涵养水源　净化水质		
12			固土保肥　固土		
			固土保肥　保肥		
13			固碳释氧　固碳		
			固碳释氧　释氧		
14			区域气候调节		
15			净化大气　吸收污染物　吸收二氧化硫		
			净化大气　吸收污染物　吸收氮氧化物		
			净化大气　吸收污染物　吸收氟化物		
			净化大气　吸收污染物　滞尘		
			净化大气　生产负氧离子		
16			生物多样性保护		
17		湿地资源	地表水调蓄		
18			水质净化		
19			区域气候调节		
20			固碳释氧　固碳		
21			固碳释氧　释氧		
22			净化大气　吸收污染物　吸收二氧化硫		
23			净化大气　吸收污染物　吸收氮氧化物		
24			净化大气　吸收污染物　吸收氟化物		
25			净化大气　吸收污染物　滞尘		
26			净化大气　生产负氧离子		
27			生物多样性保护		
28	社会效益		景观游憩		
29			疗养保健		
30			文化宣教		
31			促进就业		

表 3-60 森林公园森林资源资产负债表

序号	资源类型	负债指标		单位	负债	负债率（%）
1	森林资源	有林地		hm²		
2		古树名木		株		
3	湿地资源	河流湿地		hm²		
4		湖泊湿地				
5		沼泽湿地				
6	珍稀濒危物种资源	珍稀濒危动物		种		
7		珍稀濒危植物		种		
8	森林环境质量	森林覆盖率		—		—
9		森林群落		—		—
10		林相		—		—
11	自然景观质量	生物景观	动物	—		—
12			植物	—		—
13		地文景观	特征	—		—
14		水文景观	体量	—		—
15			特征	—		—

第 4 章

森林资源资产核算
体系研究

4.1 森林资源资产核算体系

4.1.1 理论基础

4.1.1.1 自然资源定价理论研究

自然资源为人类提供多样的福利，但由于这些福利多以无偿的方式被人们享用，往往难以直接获取自然所提供的这些生态系统服务的价格信息。研究自然资源定价理论的目的就在于探寻在没有市场的情况下自然资源价值的货币表现，即获取自然资源价格，通过相关定价机理，将自然资源生态功能量进行货币化，转换为价值量。

自然资源资产定价方法各异，采用的定价理论不同，计算结果会有较大差异。因此，核算结果往往与实际价值有一定差距（孟祥江和侯元兆，2010）。目前，国外在对自然资源资产价值评估的研究中尚没有一种方法可以得到比较确切的结果，各种分析方法都在不断地探索和完善之中，较为成熟和常用的有以下几种方法（康文星，2005；赵金龙等，2013）。

（1）市场价值法

市场价值法是指对具有市场价值的生态产品和服务，通过市场价格进行评估。适合于有市场价格的生态系统服务功能价值评估，是目前应用较为广泛的评价方法（于丽英和窦义粟，2006）。但由于生态系统服务功能种类繁多，应用时不易归纳完整，而且许多服务功能往往很难定量，实际评价时很容易出现评价值过低的情况。

（2）费用支出法

费用支出法是从消费者的角度来评价生态系统服务功能价值的方法，它以人们对某种生态系统服务功能的支出费用来表示其经济价值，该类方法的优点在于核算方法简洁明了、易于统计。但该方法在经济发展程度不同的地区差异很大，受制于人们的收入水平和教育水平。同时由于在消费区域内往往可能会有多个生态系统，因此存在较大的交叉，估值的准确性有待进一步提高。

（3）替代工程法（影子工程法）

替代工程法是恢复费用的一种特殊形式。某一环节污染或破坏以后，人工建造一个工程来代替原来的环境功能，用建造该工程的费用来估计环境污染或破坏造成的经济损失的一种方法，新工程的投资就可以用来估算环境污染的最低经济损失。替代工程存在的主要问题包括两点：第一是非唯一性，由于现实中与原环境系统具有类似功能的替代工程不是唯一的，而每一个替代工程的费用又有差异，因此，这种方法的估价结果不是唯一的；第二是替代工程与原环境系统功能效用的异质性，替代工程只是对原环境系统功能的近似代替，加之环境系统的很多功能在现实中无法代替，使得替代工程法对环境价值的评估存在一定的偏差。

（4）机会成本法

机会成本法是指在无市场价格的情况下，资源使用的成本可以用所牺牲的替代用途的最大收入来估算。机会成本法具有计算简单、易于操作的优点，但是确定替代用途的收入存在一定的困难，不同层次（经济、文化等）的人们在对替代用途的需求和理解方面存在很大差异，影响因素的选取以及各种处理方法需要综合考虑，总体来看，得出的结果偏低。

（5）恢复费用法

恢复费用法是指因为某项生态系统服务的存在而可以避免特定灾害的发生，如果没有这种生态系统服务灾害将无法避免，那么人为去恢复这种灾害造成的损害所需的费用就是这种生态系统服务的价值。该方法的优点是简单方便、易于掌握。但该方法最大的困难在于，对造成损害程度的评价不易统一，人为影响因素较大，核算的结果容易产生较大的波动。

（6）支付意愿法

支付意愿法又称意愿调查价值评估法，是一种基于调查的评估生态系统服务价值方法。所获得的生态系统服务价值依赖于构建（假想或模拟）市场和调查方案所描述的物品或服务的性质。这种方法被普遍用于公共品的定价。但是支付意愿法必须建立在几个假设前提下：环境要素要具有可支付性的特征，被调查者知道自己的个人偏好，有能力对环境物品或服务进行估价，并且愿意诚实地说出自己的支付意愿或受偿意愿。因此，支付意愿法的主要缺点是依赖于人们的观点，而不是以市场行为作为依据，存在许多偏差。

4.1.1.2　森林生态系统服务理论研究

森林生态系统是森林群落与其环境在功能流的作用下形成一定结构、功能和自调控的自然综合体。作为陆域生态系统中面积最大、最重要的自然生态系统，其结构和功能具有复杂性和重叠性。研究森林生态理论的目的在于从机理上剖析森林资源提供生态系统服务功能的过程，从而寻找计量森林资源生态功能量的有效方式。

1. 水源涵养

森林与水之间有密不可分的生物物理联系，普遍认为森林生态系统提供的水文服务主要包括调节水量和净化水质。前者指的是森林植被通过减缓地表径流、增加土壤入渗，从而缓解洪水、滑坡等自然灾害。李昌荣和屠六邦（1983）认为，在大多数情况下，森林增加河川逸流量，只是减少了洪水期的有害水和高水期的无效水。后者则指的是减少泥沙沉积、控制富营养化、吸收污染物，从而达到提升地表水、地下水水质的效果。例如，王小明等（2011）研究发现，常绿阔叶林对大气降水中的溶解氧、化学需氧量和氨氮等指标有显著的改善效应。

　　森林的水文服务效益受林冠截留、枯落物截留、林分蒸散和林分土壤持水力影响。它们继而又受林冠郁闭度、植被类型、蓄积量等因素影响。我国学者对我国南北不同气候带及其相应的森林植被类型林冠截留率的研究表明，林冠截留率为 11.40% ～ 34.3%（刘世荣，1996）。森林枯枝落叶层也具有较大的水分截持能力，北京林业大学（高成德和余新晓，2000）对水源涵养林研究结果表明，枯枝落叶吸持水量可达自身干重的 2 ～ 4 倍，各种森林的枯枝落叶层的最大持水率平均为 309.54%。中国林业科学研究院（王小明等，2011）在研究亚热带天然次生林水文生态效应时发现土壤含水量年均 14.24% ～ 22.55%，具有显著的垂直变化特征，年内变化与降雨量趋势基本一致。坡面径流量与一次性降水呈正相关关系，次生林的坡面径流量稍高于天然常绿阔叶林，远远低于人工针阔混交林。

　　从森林水源涵养功能作用的空间尺度上看，其拦蓄洪水削减洪峰的功能仅在较小尺度上有效，其调节径流的功能只有当森林土壤的入渗量超过森林的蒸散量时，才可能有更多地下水补给河道径流，进而增加旱季河道流量（图 4-1）。同时，森林水源涵养功能也具有明显的时间尺度性特征，具体表现在：①在降水事件中，由于蒸散量较小，森林水源涵养功能的物质量等于森林不同层次的截留量，在功能上表现为拦蓄洪水；②在长时间尺度上，由于林地蒸散要耗去大量水分，森林水源涵养功能的物质量等于森林不同层次的截留量减去林地蒸散量，在功能上表现为净化水质和调节径流。

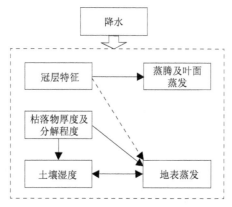

图 4-1　森林水源涵养基本生态水文过程（王晓学等，2013）

由于森林涵养水源功能表现出的各类服务之间存在重叠部分，不同服务的实际内涵仅仅是不同时空尺度森林截持蓄留降水，所以在森林水源涵养功能评估时应根据研究区森林表现出的主导水源涵养功能确定核算方法，以保证核算内容在机理上的准确性。

在森林水源涵养功能计量上，许多学者均开展了相关探讨（姜文来，2003；张彪等，2009）。总体上森林水源涵养功能计量方法包括土壤蓄水能力法、水量平衡法、综合蓄水能力法、林冠截留剩余量法、降水储存量法、年径流量法、多因子回归法等。其中以水量平衡法和土壤蓄水能力法最为常用。前者将水 - 森林 - 土壤视为一个综合体，以水量的输入和输出为着眼点，认为降雨量与森林蒸散量及其他消耗的差值即为森林的水源涵养量，应用的难点为如何有效计量全部的水量耗减。后者则是基于土壤蓄水占森林生态系统总涵养水源量的 90% 以上（刘世荣，1996），因此用土壤蓄水近似代替森林水源涵养量。

2. 保育土壤

森林土壤保育功能是指森林中活地被物和凋落物层截留降水，降低水滴对表土的冲击和地表径流的侵蚀作用；同时林木根系固持土壤崩塌泄流，减少土壤肥力损失以及改善土壤结构的功能。森林改良土壤的作用，对于林木生长发育和水土流失控制来说，最有直接意义的就是土壤物理性质的改良作用。与非林地相比，一般林地土壤的物理性质普遍好于无林地的，表现为林地土壤的容重降低，孔隙度增大，形成了较大数量的水稳性团粒结构，土壤的持水性和导水性能均得到改善，土壤抗蚀性和抗冲性得到有效提高（余新晓等，2007）。

有研究表明，各森林有林地土壤侵蚀模数大小为 $2.0 \sim 12.0t/hm^2$，无林地土壤侵蚀模数大小为 $12.0 \sim 48.0t/hm^2$（王顺利等，2011），有林地土壤侵蚀模数远远小于无林地土壤的，这说明不同的林分类型对森林保持水土，增强土壤抗蚀、抗冲能力具有很大影响。一方面，森林通过林冠层、枯枝落叶层对大气降水进行截留，减少了进入林地的雨量和雨强，从而直接影响土壤侵蚀的主要动力和地表径流的形成及其数量，尤其是林地内的枯枝落叶层，因为它不仅能吸收、涵养大量的水分，而且增加了地表层的粗糙度，影响地表径流的流动，延缓径流的流出时间；另一方面，森林的存在能改良土壤，增加土壤的有机质，森林中的植物根系有助于土壤形成团粒结构，另外，能够促使土壤孔隙度和入渗率增加，森林使土壤的结构更加疏松，因而能够吸收、渗透更多的水分，使更多的地表径流下渗转为地下径流。

目前，在森林保育土壤功能计量上，普遍通过森林防止土壤侵蚀量来计量，在保土量的基础上核算森林保土价值、保肥价值和防泥沙淤积价值。但也有学者提出，森林保土的面积可能大于森林自身面积，土壤保肥效益应按土壤中速效养分折算等（赵金成和高志峰，2003）。

3. 固碳释氧

森林作为陆地生态系统的主体，通过植被、土壤动物和微生物固定碳素，并释放氧气。其固碳释氧效益主要受林分净初级生产力（生物量）及土壤固碳能力的影响。目前对于大尺度范围的植被或土壤碳的研究相对较多，其研究内容主要涉及森林生态系统有机碳储量的空间分布特征、森林生态系统的植物碳储量和碳密度及碳汇功能等，但对于中小尺度不同森林类型固碳释氧功能进行连续监测与研究的并不多见（王效科等，2001；陈遐林，2003；李克让等，2003；黄从德等，2009）。

在林分生产力的研究方面，余超等（2014）对中国森林植被净生产量及平均生产力动态变化进行了分析，结果表明 2004～2008 年我国森林植被年平均生产力为 9.502t/hm²，其中包括广东省在内的亚热带地区平均生产力为 8.499t/hm²；研究还表明，不同森林类型中，阔叶混交林、落叶阔叶林和常绿阔叶林对中国森林植被净生产量贡献较大，热带林、阔叶混交林、常绿阔叶林平均生产力较高，油松林和马尾松林平均生产力相对较低（表 4-1）。我国森林生物量和材积关系的研究表明，可根据所确定的生物量和蓄积量的关系模式来计算林地林分生物量。

表 4-1 中国不同类型森林的生产力

类型	平均生产力（t/hm²）
阔叶混交林	15.279
常绿阔叶林	11.508
落叶阔叶林	8.011
针叶混交林	7.399
针阔混交林	8.664
热带林	17.950

在森林土壤固碳能力的研究上，Pan 等（2003）对我国主要森林生态系统土壤有机碳密度进行了研究；周玉荣等（2000）对我国主要森林生态系统土壤有机碳含量进行了研究。根据二者的研究成果，我国主要森林类型的土壤有机碳密度为

$$U_C = 0.58 \times U_B \tag{4-1}$$

$$F_C = U_C \times G \times H / 10 \tag{4-2}$$

式中，U_C 为有机碳含量（%）；U_B 为有机质含量（%）；F_C 为碳密度（g/cm³）；G 为土壤容重（g/cm³）；H 为取土层厚度（cm）；0.58 这一系数是指直径 < 2mm 的土壤颗粒有机质含碳量。

由于不同的森林类型生态学特征的差异，其林分整体固碳释氧功能也存在一定的差异。例如，中南林业科技大学（王忠诚等，2013）对湖南鹰嘴界自然保护区森林固碳释氧功能研究的结果中，固碳释氧效益表现为阔叶混交林（60.27t/hm²）＞杉木毛竹混交林（53.95t/hm²）＞杉木林（43.52t/hm²）。

目前关于森林植被碳储量的计算主要包括 2 种途径，一是基于生物量和含碳率来计算（万昊和刘卫国，2014），二是基于光合特征和叶面积指数来计算（张娜等，2015）。不同计算途径具有各自的优缺点，第 1 种途径将长期动态变化过程汇聚到一个精确的结果上，但难以表征随时间的动态变化过程和规律；第 2 种途径容易受到测定时限和环境条件等因素的影响，得到的固碳结果也包含了经验公式推导的成分（喻阳华和杨苏茂，2016）。

4. 区域气候调节

区域小气候也称微气候，是指由于下垫面的某些构造特征所引起的近地面大气中和上层土壤中的小范围气候。一般认为小气候主要是指从地面到十几米至 100m 高度空间内的气候，通过改变地形和下垫面性质等方法，可以改变局地的小气候特征。近年来小气候区域研究进展很快，研究人员已经对各类小气候，如森林、湿地、河流及水体、沙地、城市小气候等，都开展了研究工作（张一平等，2002；杨凯等，2004；李兴荣等，2008；肖国杰等，2009）。

森林对其所在区域的小气候环境具有较好的改善作用。它能削弱林内太阳辐射强度和光照强度，降低林内气温和土壤温度，增加林内空气湿度和雨季土壤湿度，降低林内风速和林地蒸发量，截留大气降水，增加水汽压，促进雾露形成，而且还能降低林内二氧化碳浓度。但不同的林分和林分冠层结构对小气候的调控作用不同，混交林较纯林好，复层林冠较单层林冠好，常绿树较落叶树好，植被覆盖度高的较覆盖度低的好，成熟期森林较建群期好，高级演替阶段森林较初级演替阶段好。研究森林小气候，可以揭示森林的生态功能，评价森林的环境效应，所以一直受到众多学者的重视。陈国瑞等（1994）研究分析了中国浙北地区天然常绿阔叶林调温调湿的小气候效应，并与人工落叶阔叶林小气候效应进行了对比；Macdonald 等（1995）研究了安大略湖地区白桦林的夏季小气候特征，总结了白桦林有别于裸地的太阳总辐射、近地空气温度、土壤温度变化规律；周重光等（1998）对中国杭州午潮山主要森林类型常绿阔叶林的气候生态效应进行了研究，分析了该类型的日照、温度、湿度、林内降水量再分配年变化特征；常杰等（1999）分析了 1993～1995 年的青冈林小气候数据，总结了我国中亚热带东部青冈常绿阔叶林内的小气候特征；李海涛和陈灵芝（1999）研究探讨了暖温带山地落叶阔叶混交林和油松林不同梯度的气温、湿度、土壤温度的日变化特征；张一平等（2002）利用西双版纳热带森林生长循环过程不同时期（林窗期、建群期、成熟期）干热季小气候观测资料，探讨了热带森林不同时期森林群落的小气候特征；欧阳学军等（2003）利用 3 ～ 5 年的观测数据，分析了鼎湖山马尾松林、针阔叶混交林、沟谷雨林和山地常绿阔叶林 4 种不同海拔森林温湿度的差异及其原因。

在森林降温效果的计量上，一是可以通过测量森林蒸散量，从而计算水分蒸发需要吸收的热量；二是通过测量林内林外温差，计算使用人工手段（如空调）给同样大小空间带来同样降温效果所需的电能耗。

5. 净化大气

森林净化大气环境功能是指森林生态系统通过吸收、过滤、阻隔、分解等过程将大气或土壤中的有毒物质（如二氧化硫、氟化物、氮氧化物、粉尘、重金属等）降解和净化，降低噪声，并提供负氧离子等物质，提高空气质量的功能。对于有毒物质的降解和净化的物质量，是指植物吸收污染物的阈值，如果植物的吸收量超过其阈值，植物就会受到伤害，而不同的植物其吸收阈值不同。刘晓等（2013）通过在典型的自然或人工生态系统地段建立生态定位站，基于长期观测的结果评估了不同林分类型净化大气功能的物质量（表 4-2）。

表 4-2　不同林分类型净化大气功能物质量评估

林分类型	净化大气环境功能				
	提供负氧离子 $\times 10^{24}$	吸收 SO_2	吸收 HF	吸收 NO_x	滞尘量
柏木林	1.81	11.27	0.16	0.19	909.59
灌木林	2.21	16.76	0.28	0.46	330.57
华山松林	1.08	1.99	0.13	0.11	570.03
阔叶混交林	7.74	8.25	0.24	0.35	784.84
马尾松林	21.78	22.15	1.39	1.15	6352.84
软阔叶林	8.20	7.99	0.41	0.43	911.51
杉木林	11.80	16.75	0.66	0.86	4276.18
硬阔叶林	7.12	10.27	0.30	0.43	977.48
云南松林	1.68	2.19	0.14	0.11	628.31
针阔混交林	0.71	1.32	0.05	0.05	221.33
针叶混交林	0.20	0.28	0.02	0.01	79.68
竹林	2.06	1.06	0.03	0.04	66.09

6. 生物多样性保护

生物多样性保护包含 3 个不同的层次：生态系统多样性、物种多样性和遗传（基因）多样性。森林生物多样性作为生物多样性的一个重要组成部分，对森林生物多样性进行客观的测度具有重要的意义。森林作为陆地生态系统的主体，包括热带雨林、亚热带常绿阔叶林和寒温带针叶林等生态系统，是陆地上生物总量最高的生态系统，对陆地生物多样性保护作用十分重要，而同时森林生物多样性也是度量森林生态系统稳定、演替速度及持续发展的标准。

在计量方式上，Shannon-Wiener 指数（H）是衡量生态系统物种多样性的一个经典指标，也是用于评价森林生物多样性保护功能的重要指标。其计算式为

$$H = \sum P_i \ln P_i \tag{4-3}$$

式中，P_i 是物种 i 的个体数在总体中所占的比例，既能反映物种的丰富度，又能表征物种分布的均匀度。

张颖（2012）在总结国外研究经验的基础上，将机会成本法与支付意愿法相结合，对全国不同区域的森林生物多样性价值进行了核算。基于其核算结果，中国林业科学研究院与国家林业局将森林物种多样性按照 Shannon-Wiener 指数定价（表 4-3），根据 Shannon-Wiener 指数，即可确定单位面积的生物多样性保护单价。

表 4-3 Shannon-Wiener 指数等级划分及其单价

Shannon-Wiener 指数	单位面积损失机会成本 S（元 /hm²）
$H<1$	3 000
$1 \leqslant H<2$	5 000
$2 \leqslant H<3$	10 000
$3 \leqslant H<4$	20 000
$4 \leqslant H<5$	30 000
$5 \leqslant H<6$	40 000
$H \geqslant 6$	50 000

4.1.1.3 森林社会效益理论研究

马传栋（1995）在《资源生态经济学》中将"社会效益"解释为：在社会再生产过程中，人类的活劳动和物化劳动的"投入"，同人类所获得的家庭福利、公共福利水平的提高，人类本身合理的在生产水平提高和社会文明程度提高等方面的"产出"的比较关系。范大路（2001）认为社会效益包括有形的和无形的。有形的社会效益是指以货币形态反映的社会价值或实物效益；无形的社会效益一般指保健、文化水平提高、社会条件改善等。张建国（1986）认为森林社会效益是指森林为人类社会提供的除经济效益和生态效益之外的其他一切效益，包括对人类身体健康的促进、促进人类社会结构的改进，以及对人类社会精神文明状态的改进。张颖（2004）认为森林社会效益是指以共同的物质生产活动为基础而相互联系的人们的总体，与在消费森林物质、产品和劳务时所产生的某种后果的比较关系。王志宝和卓榕生（2000）研究发现，美国对森林社

会效益的构成因素做了这样的界定：社会效益的构成因素包括精神和文化价值，具体包括地方敏感度、特殊地点和特点、传统和文化、个人消费资源等；游憩、游戏和教育机会，包括游憩、旅游、教育性资源、景观等；对森林资源的接近程度，包括精神上接近森林等；人类健康和安全，包括公众和工人安全、公众卫生和文化价值等。根据以上分析，认为森林社会效益是指以森林公园为活动基础，相关人们总体（游客、区域居民、员工）在消费森林物质、文化、产品或劳务时所产生的体质、社会关系、精神状态的个人效果和社会公共福利效果。

（1）游憩娱乐功能

森林公园内景观类型多样：有绚丽多彩的森林景观，有雄壮秀美的地质地貌景观，有变幻莫测的天象景观，有内涵丰富的人文景观；除一般游憩活动，如远足、爬山、划船、游泳、垂钓、漂流、野营、观赏、山地自行车游等外，它还具有较高的情趣和娱乐性，如骑马、采集标本、摄影、绘画、观赏野生动物、洞穴探险等，是旅游者陶冶情操的好去处。

（2）疗养保健功能

森林公园内植被覆盖率高，森林在涵养水分、净化空气、调节温度、降低噪声、散发芳香方面有巨大的生态作用，使公园内气候温和、水质清洁、空气清新湿润、负氧离子含量高、含菌量和含尘量低，为游客提供了一个恢复身心、消除疲劳、调整代谢过程、提高免疫力的良好生态环境。

（3）促进生态文化建设功能

森林公园是林业面向社会、联系社会的主要窗口，是人们认识森林、亲近自然、了解自然的重要渠道，是弘扬生态文化的重要场所，在生态文化体系建设中发挥着重要作用。森林公园的建设促进了森林旅游业的发展，并带动了林区经济发展，更大大提升了林区群众的生态保护意识。森林公园通过制作各种宣传牌、标志牌、植物标示牌、宣传册、光盘，采集制作动植物标本等各种宣传手段，在促进森林旅游的同时也提高了游客的生态保护意识。森林公园发挥着向全社会展示林业建设成果、普及生态知识、增强生态意识、弘扬生态文明、倡导人与自然和谐价值观等方面的公益性功能。

（4）提高区域居民福利水平功能

福利是同人的生活幸福相联系的概念，它既可以指物质生活的安全、富裕和快乐，也可以是精神上、道德上的一种状态。世界旅游组织 1997 年《关于旅游业社会影响的马尼拉宣言》、2000 年 12 月"亚太地区岛屿可持续旅游会议"通过的《海南宣言》、2001 年 10 月世界旅游组织大会通过的《大阪宣言》等，都强调发展旅游可以直接和间接地影响社会就业领域的扩大。森林公园受益人广泛，其直接受益人首先是公园职工，其次是周边从事森林旅游服务的人；间接受益人包括当地居民、全省人民甚至全国人民和全球居民。森林公园作为公共产品所提供的物质和精神享受，将有力地提高区域居民生活质量。

（5）改善区域经济环境功能

森林公园作为旅游景区，由于旅游业是关联度很高的行业，不可避免地具有旅游投资的乘数效应。森林公园的建设和森林旅游业的快速兴起，将有力地促进林区及边远山区的道路交通、通信、水电等基础设施的开发，有利于区域知名度的提高，有利于改善地区投资环境，能不断地促进区域经济的发展。

4.1.1.4　森林效益评估案例研究

1. 森林生态效益评估

我国早期对森林资源价值研究的重点主要集中于木材的经济价值，对其社会价值和生态价值研究较少。随着对森林资源的非木材经济价值及其他功能认识的逐步深入，关于森林资源环境价值和社会价值的研究便逐步展开。20 世纪80 年代初，宋宗水（1982）、翟中齐（1985）、张嘉宾（1988）等就对森林的经济效益、社会效益等进行了初步探讨，但大多局限于零星的思考，缺乏系统的认知。随着国外环境经济学的相关理论及其森林资源价值研究成果的引入，一些学者开始重视森林资源的环境价值问题。尤其是李金昌等翻译与撰写的系列文章（李金昌等，1986；李金昌，1999b，1999a），引发了人们对森林资源价值评估的强烈关注，从而有力地推动了我国早期的森林资源环境价值的研究工作。

20 世纪90 年代，当森林生态环境效益评价逐渐成为森林评价的主要研究内容时，伴随我国市场经济体制改革的不断深入，生产要素市场、资本市场的起步和发展，资产评估业得到了快速发展。大批学者相继展开了对森林资源价值评估的深入研究，其中较具代表性的研究成果是侯元兆等于 1995 年第一次对林地、林木及森林的三种生态效益（涵养水源、保育土壤、固碳制氧）进行了核算，并出版了专著《中国森林资源核算研究》（侯元兆和王琦，1995）；薛达元等（1999）运用多种评价方法，对森林生物多样性价值进行了评估；万志芳和蒋敏元（2001）对三北防护林体系的生态效益进行了经济评价。随后，侯元兆（2002）也对我国热带森林资源环境价值做了进一步的探讨，逐步形成了相对完善的关于森林资源环境价值评估的理论与方法体系。

在广东省层面，2002 年广东省林业局（黄平等，2002）参考 Costanza 等的分类方法与经济参数，采用物质量和价值量结合的评价方法，对广东省森林生态系统的林副产品及木材的产品价值和生态旅游、涵养水源、水土保持、净化空气、营养元素循环等 5 方面服务功能的总价值进行了评估。2005 年广东省林业调查规划院（薛春泉等，2005）利用 2004 年末的森林资源数据，对广东省森林涵养水源效益、保持水土效益、净化大气效益、固碳放氧效益、转化太阳能效益、森林游憩效益、保护生物多样性效益、减轻水灾旱灾效益进行了评价，统计至 2004 年末全省森林的生态效益总价值为 6205.38 亿元。广东省林业科学研究院（周毅等，2005）在湛江、江门、东莞、广州、汕头、韶关等地设点对广东省生态公益林的森林涵养水源效益、森林水土保持效益、森林改善小气候效益、森林吸收二氧化碳效益、森林净化大气效益、森林游憩资源效益和森林野生生物保护效益等 7 种效益进行了计量与评价。马秀芳等（2006）基于统计年鉴资料和其他公开发表的文献资料评价了广东省森林有形产品和无形产品的效益值。林媚珍等（2009）依据生态系统功能效益单位价值，评估了 1987～2004 年广东省森林生态系统服务功能价值。林雄辉（2013）对中山市森林生态系统服务功能的价值进行了评估，通过对间接经济价值中的涵养水源价值、固碳释氧价值、营养物质循环及储藏价值、净化空气价值、水土保持价值等进行了初步评估。

在我国长期森林生态环境效益评价方面的理论研究和实践成果的基础上，2008 年 4 月，国家林业局批准发布了我国森林生态环境效益评价的林业行业标准——《森林生态系统服务功能评估规范》（LY/T 1721—2008），该标准将森林的生态系统服务功能划分为涵养水源、保育土壤、固碳制氧、积累营养物质、净化大气环境、森林防护、保护生物多样性、森林游憩 8 个方面，提出了由这 8 个指标类别和相对应的 14 个具体指标组成评估指标体系，并对每个指标给出了适用的计算公式和参数设置，这些评价方法包括市场价值法、费用支出法、碳税法、替代费用法、影子工程法、条件价值法等。《森林生态系统服务功能评估规范》作为我国行业标准的正式发布，标志着森林生态环境评价理论和方法体系的形成，森林生态环境评价成为森林评价的主要内容，也为目前开展林地资源生态系统服务功能价值核算提供了重要参考。

2. 森林社会效益评估

国外对社会效益概念的研究是从项目评价开始的，特别是关于项目的财务评价和经济评价，已形成了较为成熟的理论和方法。对项目社会评价的专门研究则始于 19 世纪 60 年代西方国家。国外关于项目评价的主要理论建立在宏观和微观经济学基础上，如效用理论、发展经济学、福利经济学等，社会评价更关注"社会福利"。1844 年法国工程师杜比发表了题为《公共工程项目效用的度量》的论文，他提出了消费者剩余的概念，并认为公共项目的最小社会效益等于项目净产出乘以产品市场价格；1978 年美国国会参议院提出，项目的费用与效益分析主要从 4 个方面考虑：国民经济的发展、环境的质量、地区发展和社会福利。为了准确地评价建设项目，实现公平和效率这两个社会基本目标，国外有些学者提出了社会价格学说，试图用社会价格来囊括效率、公平、环境、生态等，形成一个综合的社会价格。

20 世纪 40 年代国外逐渐开始将社会效益评价的对象转向森林，特别是苏联、美国、德国、日本等国家在森林美学上有较多研究。1824 年德国著名林学家 V. D. Borch 在 1830 年发表的《森林美论》一文中重点批驳了经济利益至上的观点，认为森林的经济要求和美的社会效益是统一的；德国著名的森林经济学家 F. Judeich，把森林纯收获分为狭义和广义 2 种，狭义的仅指木材的收获量和经济效益，广义的还包括森林的防护功能、美化效果等社会效益，从而打破了森林效益评价的狭隘界限；另一位德国著名森林经济学家、林务官 V. Baur 探讨了森林对文化的影响，以及对人的身体和精神疗养的作用。这种广义的森林效益与森林文化观，是进一步认识森林社会效益的一个基础。Koch（1998）指出，森林在维护林区居民的生存生活方面所起的作用，与非木材森林产品一样，对林区群众的生活将会发挥更加重要的作用。森林的观赏与文化等方面的功能主要包括：森林在文化、历史、考古等方面的价值；森林的美学与景观价值；森林在宗教信仰方面的价值；森林在旅游和观赏服务方面的价值。

我国对森林社会效益评价研究始于 20 世纪 70 年代末，王幼臣和张晓静（1996）对张家界森林公园的社会效益进行了定性和运用加权评分法的定量分析评价，但是其指标中反映的森林旅游社会效益的外延界定不明确，基本上涵盖了经济、社会和生态环境各个方面。马建章（1998）在分析森林旅游的宏观经济效益时，将森林旅游经济活动的成果分为有形收益和无形收益，其中无形收益都可看作森林旅游活动的社会效益，如促进文化交流及先进科技成果的引进，促进消费，提高人们生活水平，国际森林旅游业促进林业的国际合作与交流等。张建国和杨建洲（1994）对福建省森林综合效益进行了评价。张颖（2001）提出必须加强森林公园资源社会效益核算。张祖荣（2001）从森林的社会效能和表现形式出发，提出了环境美化、疗养保健、固碳制氧、增加就业人数、产业结构优化、劳动生产率提高、社会文明进步 7 个评价指标，并分别进行量化和货币估算，最终将各个估算值相加的总和作为森林社会效益的经济评价值。

20 世纪 70 年代开始，投资项目的社会评价逐渐被人们重视，社会效益的评价理论、指标体系及评价方法上的研究都取得了很大进展，但单纯对森林公园社会效益的评价研究还处于起步阶段，没有公认的边界外延，评价带有极大的主观性，评价标准和依据难以统一，导致评价指标与评价结果具有一定的模糊性。故迄今为止，在社会评价方面，社会理论和方法仍处在发展之中，尚未规范化。西方学者提出的通过"社会价格"来评价社会效益的理念只具有思想性，实现起来难度大，可操作性弱。而国内大多数论文对于生态旅游区投资效益的评价，主要侧重于经济效益的评价，或者是某一旅游企业在生态旅游区具体的投资经营状况分析与评价，而忽略了对生态旅游区投资社会效益的评价，评价方法也比较单一化，侧重于定性评价，忽略了定性评价与定量评价相结合、宏观效益评价与微观效益评价相结合等，具有片面性。

4.1.2 核算指标

4.1.2.1 指标选取原则

核算指标的筛选遵循系统性、科学性、可操作性和可接受性。

（1）系统性

森林生态系统评价指标体系是一个多属性、多层次、多变化的体系。评价指标体系要反映环境、社会经济系统的整体性和协调性。

（2）科学性

森林生态系统评价指标体系中的指标要建立在科学的基础上，并能反映对象的本质内涵。

（3）可操作性

所选取的指标应该具有可监测性，指标内容简单明了，概念明确，容易获取。

（4）可接受性

指标体系中的各项指标能为大多数人所接受认可，尤其是比较重要的指标。

4.1.2.2 指标筛选结果

基于上述核算案例分析中对指标的统计分析结果，结合对广东省林业生态监测资料的查阅，筛选吸收常用指标、权威指标、数据易获得指标构建初步核算指标体系。通过咨询讨论对指标体系进行进一步调整完善，最终形成优化过了的核算指标体系（表 4-4）。

表 4-4　森林资源价值核算指标

序号	评价指标		
1	经济效益	林地资源	
2		林木资源	乔木林
			竹林
3		其他林产品	
4		古树名木	
5	生态效益	涵养水源	调节水量
			净化水质
6		固土保肥	固土
			保肥
7		固碳释氧	固碳
			释氧

续表

序号	评价指标		
8		区域气候调节	
9	生态效益	净化大气	吸收二氧化硫
			吸收氮氧化物
			吸收氟化物
			滞尘
			生产负氧离子
10		生物多样性保护	
11	社会效益	景观游憩	
12		疗养保健	
13		文化宣教	
14		促进就业	

4.1.3 核算模型

4.1.3.1 林地价值

森林资源的实物资产评估均采用市场价值法来评估，即采用商品市场价格作为森林实物资产的评估价格：

$$E_{林地} = \sum_i P_i A_i \qquad (4\text{-}4)$$

式中，$E_{林地}$ 为林地资源价值（元）；P_i 为第 i 种林地的市场价格（元/hm²）；A_i 为第 i 种林地面积（hm²）。

4.1.3.2 林木价值

根据市场价值法可知：

$$E_{木材} = \sum_i P_i V_i T_i \qquad (4\text{-}5)$$

或

$$E_{木材} = \sum_i p_i \rho_i A_i \qquad (4\text{-}6)$$

式中，$E_{木材}$ 为林木资源材用价值（元）；P_i 为第 i 种材木的市场价格（元/m³）；V_i 为第 i 种树种的蓄积量（m³）；T_i 为出材率（%）；p_i 为第 i 种林木的市场价格（元/株）；ρ_i 为林木密度（株/hm²）；A_i 为林分面积（hm²）。

前者适用于乔木林林木价值的评估，后者适用于竹林林木价值的评估。

4.1.3.3 其他林产品价值

$$E_{其他林产品} = \sum_i P_i Q_i \qquad (4-7)$$

式中，$E_{其他林产品}$为其他林产品价值（元/a）；P_i为第 i 种林产品的市场价格（元/kg）；Q_i为第 i 种林产品的年产量（kg/a）。

4.1.3.4 古树名木

$$E_{古树名木} = \sum_i k_{树种i} k_{生长势i} k_{树木级别i} k_{树木场所i} P_古 D_i + R_i \qquad (4-8)$$

式中，$E_{古树名木}$为古树名木价值（元）；$k_{树种i}$为第 i 株古树名木树种价值系数；$k_{生长势i}$为第 i 株古树名木生长势价值系数；$k_{树木级别i}$为第 i 株古树名木树木级别价值系数；$k_{树木场所i}$为第 i 株古树名木树木场所价值系数；$P_古$为地方园林绿化苗木每厘米胸径价格（元/cm）；D_i为第 i 株古树名木胸径（cm）；R_i为养护管理的客观投入（元）。

4.1.3.5 水源涵养

森林资源水源涵养的价值构成分两部分：调节水量、净化水质。

（1）调节水量

根据影子工程法的原理，来构建森林资源的调节水量价值计算模型：

$$E_{调水} = 10 (P-E-R) \alpha C_{库容} A \qquad (4-9)$$

式中，$E_{调水}$为森林资源的调节水量价值（元/a）；P 为年均降雨量（mm）；E 为年蒸散量（mm）；R 为年地表径流量（mm）；α 为调蓄率（%）；$C_{库容}$为单位库容造价（元/m³）；A 为林分面积（hm²）。

（2）净化水质

根据影子工程法的原理，可采用人工净水成本来计算森林资源的净化水质价值：

$$E_{净水} = 10 (P-E-R) \alpha C_{净水} A \qquad (4-10)$$

式中，$E_{净水}$为森林资源的净化水质价值（元/a）；P 为年均降雨量（mm）；E 为年蒸散量（mm）；R 为年地表径流量（mm）；α 为调蓄率（%）；$C_{净水}$为人工净水价格（元/t）；A 为林分面积（hm²）。

4.1.3.6 固土保肥

森林资源固土保肥的价值构成分两部分：固土、保肥。

（1）固土

根据影子工程法的原理，可采用土方挖运费用作为代替的价值量进行固土价值的计算：

$$E_{固土} = \frac{(X_2 - X_1)}{\rho} CA \qquad (4-11)$$

式中，$E_{固土}$为森林资源固土价值（元/a）；X_2、X_1分别为无林地、林地土壤侵蚀模数（t/hm^2）；ρ为林地土壤容重（t/m^3）；C为土方挖运费用（元/m^3）；A为林分面积（hm^2）。

（2）保肥

根据影子工程法和市场价格法的原理，可采用市场上主要肥料价格作为代替的价值量进行保肥价值的计算：

$$E_{保肥} = \sum_i (X_2 - X_1) \frac{m_i C_i}{R_i} A \qquad (4-12)$$

式中，$E_{保肥}$为森林资源保肥价值（元/a）；X_2、X_1分别为无林地、林地土壤侵蚀模数（t/hm^2）；m_i为林分土壤第i种肥力的含肥量（%）；C_i为所参考第i种肥力的市场价格（元/t）；R_i为所参考第i种肥力的含氮量（%）；A为林分面积（hm^2）；$i=$氮肥、磷肥、钾肥、有机质。

4.1.3.7　固碳释氧

森林资源固碳释氧的价值构成分两部分：固碳、释氧。

（1）固碳

根据影子工程法的原理，可采用人工固碳价格作为代替的价值量进行固碳价值的计算：

$$E_{固碳} = (F_b + F_s) \ C_C A$$
$$= (\alpha B_n + \alpha\beta B_n) \ C_C A \qquad (4-13)$$

式中，$E_{固碳}$为森林资源固碳价值（元/a）；F_b为单位面积林分生物量固碳量（t/hm^2）；F_s为单位面积林分土壤固碳量（t/hm^2）；C_C为所参考人工固碳的市场价格（元/t）；A为林分面积（hm^2）；α为植物碳含量（%）；B_n为林分年净生产力（t/hm^2）；β为森林生物量固碳量与森林土壤固碳量的比例系数。

（2）释氧

根据影子工程法原理，可采用人工制氧价格作为代替的价值量进行释氧价值的计算：

$$E_{释氧} = 1.19 B_n C_O A \qquad (4\text{-}14)$$

式中，$E_{释氧}$ 为森林资源释氧价值（元 /a）；B_n 为林分年净生产力（t/ hm²）；C_O 为所参考人工产氧的市场价格（元 /t）；A 为林分面积（hm²）。

4.1.3.8　区域气候调节

根据影子工程法的原理，可采用市场电价作为代替的价值量进行有关计算：

$$E_{降温} = \rho H_a C_{电} A \qquad (4\text{-}15)$$

式中，$E_{降温}$ 为森林资源降温价值（元 /a）；ρ 为常数，1/3600（kW·h/kJ）；H_a 为单位林分面积吸收的热量（kJ/hm²）；$C_{电}$ 为用电价 [元 /(kW·h)]；A 为林分面积（hm²）。

4.1.3.9　净化大气

森林资源净化大气的功能主要包括两方面：一是吸收净化主要污染物，二是生产负氧离子等有益因子。所以其有关的价值构成分为两部分。

（1）生产负氧离子

根据影子工程法的原理，可采用人工生产负氧离子费用作为代替的价值量进行有关价值的计算：

$$E_{负氧离子} = 5.256 \times 10^{15} \times \frac{HK_{负}(Q_{负} - 600)}{L} A \qquad (4\text{-}16)$$

式中，$E_{负氧离子}$ 为森林资源负氧离子生产价值（元 /a）；H 为林分高度（m）；L 为负氧离子寿命（min）；$K_{负}$ 为人工负氧离子生产费用（元 / 个）；$Q_{负}$ 为林分负氧离子浓度（个 /cm³）；A 为林分面积（hm²）。

（2）吸收污染物

可采用污染物治理费用作为代替的价值量进行有关价值的计算：

$$E_{吸收污染物} = \sum_{ij} K_{ij} Q_{ij} A \qquad (4\text{-}17)$$

式中，$E_{吸收污染物}$ 为森林资源吸收污染物价值（元 /a）；K_{ij} 为污染物 j 的治理费用（元 /kg）；Q_{ij} 为单位面积林分年污染物吸收量（kg/hm²）；A 为林分面积（hm²）；i= 针叶林、阔叶林…；j= 二氧化硫、氮氧化物、氟化物、扬尘等。

4.1.3.10 生物多样性保护

根据机会成本法原理，生物多样性保护的价值构成为

$$E_{生物}=SA \qquad (4\text{-}18)$$

式中，$E_{生物}$ 为林地生物多样性保护价值（元/a）；S 为单位面积年物种损失的成本（元/hm^2）；A 为林分面积（hm^2）。

4.1.3.11 景观游憩

森林公园的景观游憩价值主要依据其景观资源质量评分来计算：

$$E_{景观}=\frac{C_i}{C}PA_i+R_i \qquad (4\text{-}19)$$

式中，$E_{景观}$ 为森林资源景观游憩价值（元/a）；C_i 为第 i 个森林的景观评价得分（森林环境质量与自然景观质量得分之和）；C 为全部森林的景观评价平均得分；P 为平均单位面积森林的年景观游憩价值[元/(hm^2·a)]；A_i 为林分面积（hm^2）；R_i 为经营单位年旅游收益（元/a）。

4.1.3.12 疗养保健

参考李周和徐智（1984）的研究成果，森林公园的疗养保健价值主要依据卧床疗养的费用来估算：

$$E_{疗养}=PMK \qquad (4\text{-}20)$$

式中，$E_{疗养}$ 为森林资源疗养保健价值（元/a）；P 为按病床计算的疗养费用[元/（人·天）]；M 为年旅游人数（人次/a）；K 为疗养保健人员在林中休息的平均天数。

4.1.3.13 文化宣教

森林公园的文化宣教价值主要依据广东省人均环境保护宣传支出来估算：

$$E_{文宣}=PM \qquad (4\text{-}21)$$

式中，$E_{文宣}$ 为森林资源文化宣教价值（元/a）；P 为人均环境保护宣传费用支出（元/a）；M 为年旅游人数（人次/a）。

4.1.3.14 促进就业

森林公园的促进就业价值主要依据提供就业岗位的平均成本来估算：

$$E_{就业} = PM \tag{4-22}$$

式中，$E_{就业}$ 为促进就业价值（元 /a）；P 为提供就业岗位的平均成本（元 / 个）；M 为森林公园提供的就业岗位数（个）。

4.1.4 核算参数

4.1.4.1 价格参数

1. 林地价格

根据《广东省林地管理办法》，经依法批准征用、占用林地的单位或个人，必须支付征用、占用林地补偿费。该补偿费主要按被征用、占用林地前三年产值的 5～10 倍补偿。根据 2015 年广东省林地征收补偿标准，征收林地及其他农用地平均每亩补偿 13.8 万元，即 207 万元 /hm^2。

2. 林木价格

根据国家发展和改革委员会价格认证中心制定的《林木价格认定规则》（发改价证办〔2013〕202 号），林木价格认定可采用市场法、成本法、收益法和专家咨询法等方法。其中森林材用价值建议采用市场法或成本法来认定。

根据中国木材价格指数网（经国家发展和改革委员会批准发布）上的价格行情数据，2017 年（第一季度）广东地区国产原木的价格为 1700～4200 元 /m^3。根据联合国粮食及农业组织（FAO）林产品年鉴相关数据，2000～2015 年中国原木出口的平均价格为 409.93 美元 /m^3（针叶）、769.30 美元 /m^3（非针叶）。2015 年的针叶原木出口价格为 350.53 美元 /m^3，非针叶原木出口价为 472.42 美元 /m^3。具体原木出口价详见图 4-2。

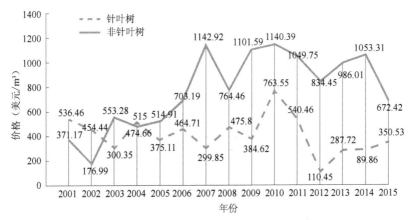

图 4-2　2001～2015 年中国原木出口价格

数据来源：FAO（http://www.fao.org/faostat/en/#data/FO）

根据对中国园林网、花木信息网等相关数据的调查，竹子的市场售价受品种与规格影响。以毛竹为例，其市场价为 1 ～ 32 元 / 株，随着高度增加，价格有所增长，两者关系满足 $y=0.8043e^{0.0043x}$（图 4-3）。

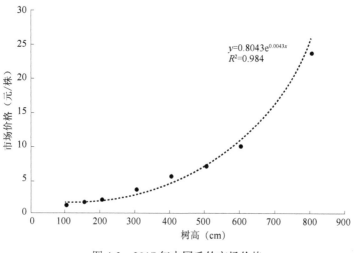

$$y=0.8043e^{0.0043x}$$
$$R^2=0.984$$

图 4-3　2017 年中国毛竹市场价格

3. 古树名木价格

根据《林木价格认定规则》（发改价证办〔2013〕202 号），古树名木价格认定一般采用专家咨询法或按下列公式计算：

古树名木价值 = 古树名木树种价值 × 生长势价值系数 × 树木级别价值系数 × 树木场所价值系数 + 养护管理的客观投入。

其中，树种价值 = 树种价值系数 × 地方园林绿化苗木每厘米胸径价格 × 树胸径。

古树名木树种价值根据古树名木的树种、胸径，参照地方园林绿化苗木价格标准确定。生长势价值系数根据古树名木的树冠、树干饱满程度、是否有病虫害等树木生长因子确定。树木级别价值系数根据古树名木树龄的长短确定。树木场所价值系数根据树木生长区域所处的位置确定。

广东省发展和改革委员会价格认证中心印发了《广东省古树名木价格认定相关系数》（粤价认综〔2016〕24 号），相关系数见表 4-5。

表 4-5　广东省古树名木价值认定系数

指标	参数
树种价值系数	• 软阔叶类 12 • 硬阔叶类 16 • 针叶类 18 • 名木 18

指标	参数
生长势价值系数	• 生长正常。树冠丰满，树干饱满，无病虫害，叶色浓绿，生长旺盛的定为 1 • 生长衰弱。生长势中等，新梢数量少，有部分枯枝枯梢，主干、主枝有病虫害的定为 0.8 • 生长濒危。树冠过稀过窄，树木腐烂 1/2 以上，病虫害严重，长势差，无正常结果枝条的定为 0.5 • 死亡。主干主枝全部枯死，叶片枯黄或脱落的定为 0.1
树木级别价值系数	• 一级古树级别价值系数为 2.5（500 年及以上） • 二级古树级别价值系数为 1.5（300 ～ 499 年） • 三级古树级别价值系数为 1（300 年以下） • 名木（指外国政要、有影响的团体、著名人士种植或赠送的具有重大历史影响意义的树木或稀有珍贵名木）系数为 3
树木场所价值系数	• 郊区系数为 1.5 • 县城乡镇街道系数为 2 • 农村祠堂庙宇及聚会议事场所为 2.5 • 市区系数为 3 • 风景区、名胜古迹、自然保护区、历史文化街道、历史名园、森林公园系数为 4

4. 单位库容造价

通过对各省近年水库工程相关信息的调查统计，可以得到目前各地的单位库容造价水平，平均约为 14.1 元 /m³。由表 4-6 可以发现，各省份的单位库容造价不同，其中又以南方省市的单位库容造价水平更高。

表 4-6　各地的单位库容造价水平

水库	省（自治区、直辖市）	工程投资（万元）	总库容（万 m³）	单位库容造价（元 /m³）
盘州市出水洞水库	贵州	140 000	7 273	19.2
阿尔塔什水利枢纽	新疆	85 000	20 000	4.3
大寨水库	四川	12 098.74	1 163	10.4
关刀桥水库	四川	68 800	5 995	11.5
清江水库	湖南	6 930	467.1	14.8
随县丁家垭水库	湖北	2 860	257.36	11.1
张峰水库	山西	180 000	30 000	6.0
河口村水库	河南	277 467	31 700	8.8
艾坝水库	江西	8 607.36	961	9.0
青草沙水库	上海	1 700 000	50 000	34.0
铜锣径水库	深圳	42 663	1 660	25.7
平均				14.1

另外，《森林生态系统服务功能评估规范》（LY/T 1721—2008）中利用 1993 ～ 1999 年《中国水利年鉴》（2002）与价格指数计算，给出的单位库容造价推荐值为 6.1107 元 /m³。

5. 人工净水价格

根据广东省 2010 年度各市县区城市供水价格情况表了解到，2010 年广东省地市平均供水的单位价格为 1.84 元 /m³。

按照国家发展和改革委员会《关于制定和调整污水处理收费标准等有关问题的通知》（发改价格〔2015〕119 号），对于污水处理收费标准，在城市污水处理收费标准原则上每吨应调整至居民不低于 0.95 元，非居民不低于 1.4 元；县城、重点建制镇原则上每吨应调整至居民不低于 0.85 元，非居民不低于 1.2 元。

另外，《森林生态系统服务功能评估规范》（LY/T 1721—2008）中利用网格法得到 2007 年全国居民用水价格的均值作为人工净水价格，为 2.09 元 /t。

6. 挖填土方造价

根据对各主要城市最新建设工程造价信息的统计调查，搜集了 2016 年各主要城市在土石方工程中的成本信息，从而获取了各地人工挖土方的费用。根据表 4-7，人工挖土方的费用为 18 ～ 50 元 /m³，平均单价为 30.35 元 / m³。

表 4-7　2016 年各地的土石方工程成本

地区		人工挖土方（元 / m³）	人工回填土（元 / m³）
1	北京市	38.61	—
2	天津市	47.08	23.54
3	石家庄市	28.00	15.00
4	太原市	18.50	12.75
5	呼和浩特市	26.08	27.52
6	沈阳市	35.00	25.00
7	长春市	—	—
8	哈尔滨市	30.00	20.00
9	上海市	33.30	24.93
10	南京市	26.75	—
11	杭州市	33.19	21.81
12	合肥市	28.32	19.75
13	福州市	50.00	30.00
14	南昌市	28.30	24.50
15	济南市	29.00	24.00
16	郑州市	23.50	18.60
17	武汉市	43.12	28.66
18	长沙市	21.20	12.60
19	广州市	22.00	14.50
20	南宁市	35.00	29.00
21	海口市	24.70	20.00

续表

	地区	人工挖土方（元/m³）	人工回填土（元/m³）
22	重庆市	47.00	26.50
23	成都市	18.00	—
24	贵阳市	26.01	13.17
25	昆明市	26.00	20.00
26	拉萨市	—	—
27	西安市	24.00	32.00
28	兰州市	38.00	25.00
29	西宁市	23.91	14.96
30	银川市	24.00	19.00
31	乌鲁木齐市	31.66	26.66
	平均	30.35	21.90

另外，《森林生态系统服务功能评估规范》（LY/T 1721—2008）中利用《中华人民共和国水利部水利建筑工程预算定额》（水利部水利建设经济定额站，2002）测算出挖取单位面积土方费用为 12.6 元/m³。

7. 人工肥料价格

目前，市场上常用的无机肥（即化肥）有：磷酸二铵、尿素、硫酸钾、氯化钾等。

根据市场调查结果，2016 年第一季度的磷酸二铵的市场交易价维持在 2600～2900 元/t。

氯化钾市场受盐湖报价将下调传闻的影响，目前国内有近 70% 的氯化钾报价在 1800～1900 元/t。受需求影响，北方市场交易情况略好于南方市场，报价维持在 2000～2100 元/t。

市场上有机肥中有机质的含量多在 40%～70%。根据其有机质的含量，有机肥售价不一。根据对部分地区有机质报价信息的搜集整理，2015 年有机质的单价在 150～320 元/t，平均单价为 219 元/t。

另外，《森林生态系统服务功能评估规范》（LY/T 1721—2008）中根据 2007 年春季农信网平均价格给出磷酸二铵参考价格为 2400 元/t、氯化钾参考价格为 2200 元/t、有机质参考价格为 320 元/t。

8. 人工固碳成本

目前，人工固碳技术主要包括 3 种——造林固碳、藻类固碳、碳捕捉（CCS）。根据仲伟周和邢治斌（2012）对我国各省造林固碳成本收益分析的结果，其平均成本约为 1152.8 元/t（表 4-8）。各省与全国平均水平相比，有 19

个省（自治区、直辖市）的固碳成本高于全国平均水平，12 个省（自治区、直辖市）的固碳成本低于全国平均水平。另外，固碳成本低于 1000 元的省（自治区、直辖市）有 8 个，固碳成本在 1000 ～ 2000 元的有 14 个，固碳成本在 2000 ～ 8000 元的有 6 个，固碳成本超过 10 000 元的有 3 个。进一步分析我国各大区域的固碳成本情况，华东地区的固碳成本最高，为 2042.6 元 /t，西南地区的平均固碳成本最低，为 819.4 元 /t。

表 4-8　各省（自治区、直辖市）造林固碳成本收益　　（单位：元 /t）

省（自治区、直辖市）	固碳成本	省（自治区、直辖市）	固碳成本
广东	19 935	重庆	1 389
北京	16 533	湖北	1 296
浙江	12 431	海南	1 253
上海	7 512	甘肃	1 135
福建	5 342	广西	1 128
天津	5 216	新疆	1 019
江苏	3 732	辽宁	1 014
吉林	2 878	陕西	982
河南	2 180	山西	975
黑龙江	1 972	江西	793
安徽	1 844	西藏	742
青海	1 825	贵州	658
湖南	1 744	内蒙古	597
山东	1 578	宁夏	549
河北	1 553	云南	257
四川	1 452		

注：未统计港澳台地区

另外，《森林生态系统服务功能评估规范》（LY/T 1721—2008）中根据瑞典的碳税率给出固碳价格为 1200 元 /t。

9. 人工造氧价格

根据《森林生态系统服务功能评估规范》（LY/T 1721—2008）中的推荐价格，人工造氧价格取值为 1000 元 /t。

10. 电价

根据国家发展和改革委员会公布的消息，全国各地的现电价为 0.3796 ～ 0.617 元 /（kW·h），平均电价为 0.52 元 /（kW·h）。现电价在发电标杆上网电价（电网向发电企业购买电力的电价）的基础上还纳入了电网公司变电、输电、配电等的成本，即用户向电网公司购电的单价（表 4-9）。

表 4-9　各地区电价

省级电网	燃煤发电标杆上网价 [元 /(kW · h)]	现电价 [元 /(kW · h)]
北京	0.3754	0.48
天津	0.3815	0.49
河北北网	0.3971	0.52
河北南网	0.3914	0.52
山西	0.3538	0.477
山东	0.4194	0.5469
内蒙古西部	0.2937	0.43
辽宁	0.3863	0.5
吉林	0.3803	0.525
黑龙江	0.3864	0.51
内蒙古东部	0.3068	0.43
上海	0.4359	0.617
江苏	0.4096	0.5283
浙江	0.4453	0.538
安徽	0.4069	0.56
福建	0.4075	0.4983
河南	0.3997	0.56
湖北	0.4416	0.57
湖南	0.4720	0.588
江西	0.4396	0.6
四川	0.4402	0.5244
重庆	0.4213	0.52
陕西	0.3796	0.3796
甘肃	0.3250	0.51
宁夏	0.2711	0.4486
青海	0.3370	0.4271
广东	0.4735	0.61
云南	0.3563	0.483
贵州	0.3709	0.4556
广西	0.4424	0.538
海南	0.4528	0.6083

11. 污染物排放成本

参照国家发展和改革委员会 2003 年发布的《排污费征收标准及计算方法》标准，每年排放的 SO_2 收费标准为 1.2 元 /kg，每年排放氟化物的收费标准为 0.69

元 /kg，排放氮氧化物的收费标准为 0.63 元 /kg，粉尘的排放收费标准为 0.15 元 /kg。与《森林生态系统服务功能评估规范》（LY/T 1721—2008）中给出的参考价格一致。

根据《环境工程手册——环境规划卷》（傅国伟，2003），每减少二氧化硫和氟化物需要的费用分别为 3.9 元 /kg 和 2.5 元 /kg。

12. 生物多样性损失机会成本

中国林业科学研究院与国家林业局将森林物种多样性按照 Shannon-Wiener 指数定价，根据 Shannon-Wiener 指数，即可确定单位面积的生物多样性保护单价。

王兵等（2008）根据各省（自治区、直辖市）的林地状况分类及生物多样性指数研究，进一步对各省生物多样性保护单价进行了研究分析，结果见表 4-10。

表 4-10　省级单元森林单位面积生物多样性保护单价（单位：元 /hm²）

省（自治区、直辖市）	单价	省（自治区、直辖市）	单价
北京	8 100.5	湖北	20 463.7
天津	7 443.9	湖南	12 158.9
河北	8 312	广东	23 436.7
山西	13 082.4	广西	19 050.8
内蒙古	10 244.8	海南	28 078.1
辽宁	18 461.2	重庆	741.6
吉林	19 638.9	四川	12 053.7
黑龙江	14 189.5	贵州	15 449.4
上海	16 825.4	云南	24 234.6
江苏	17 538.4	西藏	20 089.9
浙江	17 673.1	陕西	8 993
安徽	23 140.4	甘肃	8 751.9
福建	19 987.6	青海	19 567.8
江西	13 837.8	宁夏	8 498.3
山东	8 240.8	新疆	8 308.8
河南	13 048.5		

注：未统计港澳台地区

13. 单位面积森林景观游憩价值

根据冯继广等（2016）对全国 61 个案例点的森林景观游憩价值评估数据的调查，单位面积森林景观游憩价值为 3 ～ 38 400 元 /hm²，年均单位面积森林景观游憩价值为 2300 元 /hm²。

14. 日人均住院疗养费用

根据《2015 年广东省医疗卫生事业发展情况简报》，全省医疗机构（医院、社区卫生服务中心、乡镇卫生院）次均住院费用为 5196.5 元，全省医疗机构出院者平均住院日为 8.1 日，因此得到日人均住院疗养费用为 641.5 元 /（人·日）。

15. 人均环境保护宣传支出

根据广东省环境保护厅发布的《广东省环境保护厅 2016 年度部门预算公开》中 2016 年部门预算支出明细表（按功能科目），广东省环境保护宣传费用为 1278.46 万元；根据广东省统计局发布的《2016 年广东国民经济和社会发展统计公报》，广东省年末常住人口为 10 999 万人，因此广东省人均环境保护宣传支出为 0.12 元 / 人。

16. 提供就业岗位的平均成本

人力资源和社会保障部专题组在《中国就业》（2010）上发表了中国就业应对国际金融危机方略系列研究报告之四，该研究通过劳动生产率法计算了 2010 年我国投资 4 万亿元的新增就业岗位为两年 2416 万个，即估算出提供就业岗位的平均成本为 16.5 万元 /（个·年）。

4.1.4.2　功能参数

1. 年蒸发量

根据《广东省森林生态状况监测报告》（王登峰等，2002），森林年蒸发量满足以下经验公式：

$$E=\frac{P}{\sqrt{0.9+(\frac{P}{E_0})^2}} \tag{4-23}$$

$$E_0=300+25T+0.05T^3 \tag{4-24}$$

式中，E 为年蒸发量（mm）；P 为年均降雨量（mm）；T 为年均气温（℃）；为避免公式（4-23）太长，以 E_0 作为表示符，无实意。

通过查阅当年气象部门公布的相关数据，即可通过上述经验公式计算年蒸发量。

2. 广东省森林土壤物理状况

红壤是全省分布最广的地带性土壤。全省森林土壤非毛管孔隙度平均值为

7.53%，无林地的平均值为 6.54%（彭达等，2006）。红壤分布区的成土母质多为花岗岩和沙、页岩，风化层次较厚，多在 0.8m 以上。

林佳慧（2016）研究了广东省的林下土壤物理状况，不同林分的土壤容重见表 4-11。

表 4-11 广东省不同林分类型土壤容重状况

林分类型	土壤容重（g/cm³）
马尾松	1.09 ～ 1.53
杉木	1.15 ～ 1.41
桉树	1.10 ～ 1.56
相思	1.34 ～ 1.52
针叶混交	1.11 ～ 1.57
阔叶混交	1.15 ～ 1.42
针阔混交	1.14 ～ 1.31

3. 广东省森林土壤化学状况

黄志宏等（2009）比较分析了广东南岭不同林分类型土壤养分状况，结果见表 4-12。

表 4-12 广东省南岭不同林分类型土壤养分状况

林分类型	平均胸径（cm）	平均树高（m）	全 N（%）	全 P（%）	速效 K（%）	有机质（%）
常绿阔叶	27.4	23.5	0.369	0.039	0.47	5.83
针阔混交	7.5	7.5	0.165	0.032	0.68	3.64
马尾松	12.5	7.8	0.152	0.040	0.70	2.98
杉木	17.2	15.8	0.114	0.029	0.58	2.28
毛竹	—	10.0	0.111	0.045	0.79	3.37

由广东森林编辑委员会编辑的《广东森林》（徐燕千，1990）里对不同深度土壤肥力的调查显示，森林土壤中的平均 N、P、K 含量分别为 0.175%、0.030%、0.378%。

4. 广东省土壤侵蚀状况

广东省林业调查规划院的有关资料显示，广东年均单位面积土壤流失量，有森林覆盖的林地为 $0.9t/hm^2$，而无森林覆盖的立地高达 $6.0t/hm^2$，有森林覆盖的林地土壤流失量仅为无林地的 1/6 左右（薛春泉等，2005）。

5. 森林净生产力

森林净生产力（NPP）是指单位时间单位面积上植物在光合作用下扣除呼

吸作用消耗所积累的有机物质量。陶波等（2003）、朴世龙等（2004）以全国为研究区域研究了不同植被类型的净生产力。姜春等（2016b）、华晓宾（2009）以广东省为研究区域研究了不同植被类型的净生产力（表 4-13）。姜春等（2016b）的研究结果表明，广东植被净生产力高于全国平均值，粤北和粤东地区的值较高，珠三角地区和雷州半岛的值较低。

表 4-13　植被净生产力　（单位：g C/m²）

林分类型	陶波等（2003）	朴世龙等（2004）	华晓宾（2009）	姜春等（2016b）
常绿针叶	515.00	354.00	799.53	519.34
常绿阔叶	721.00	525.00	1046.89	833.06
混交林	—	559.5	874.36	744.70
疏林地	—	551.7	657.13	—
灌木林	272.00	283.00	603.90	470.04

6. 广东省植物碳含量

植物通过光合作用，制造 1t 干物质，同化二氧化碳 1.628t，固定碳素 0.444t，会导致碳储量估算结果明显偏低，所以采用植物碳含量来计算固碳量。

《2006 年 IPCC 国家温室气体清单指南》推荐了地上部森林生物量的碳比例，其中热带和亚热带树种碳含量为 0.47（0.44～0.49），温带和寒温带阔叶树种碳含量为 0.48（0.46～0.50），针叶树种为 0.51（0.47～0.55）（IPCC，2006）。目前大部分研究均采用 0.45 或 0.5 作为平均碳含量估测碳储量。

根据广东省林业调查规划院（张红爱和蔡安斌，2017）对广东省林下植物碳含量的调查分析，植物的平均碳含量为 387～506g/kg。其中，杉木的碳含量最高，为 505.47g/kg，阔叶类 491.24g/kg，竹灌为 474.19g/kg。

广西壮族自治区林业勘测设计院（蔡会德等，2014）对广西主要乔木树种碳含量测定结果表明，树种综合碳含量均大于 470g/kg，其中针叶树的平均综合碳含量为 498.5g/kg，阔叶树为 481.2g/kg，毛竹为 475.6g/kg。

7. 森林土壤固碳量

根据联合国政府间气候变化专门委员会（IPCC）所规定的默认值（UNFCCC，2000），其中森林生物量固碳量与林下植被固碳量的比例系数为 0.195，森林生物量固碳量与森林土壤固碳量的比例系数为 1.244。

8. 森林调节区域小气候

根据森林调节区域小气候的研究结果，一般林内温度较空地区域的温度低 1～3℃。在炎热的夏天，人们利用空调降温来获取舒适清凉。因此，用空调降温所耗电能价值替代森林降温效果进行评估。面积为 14.4m²、空间为 43.2m³ 的民用居室，平均降温 1℃，需用电 1kW·h 左右（肖建武等，2011）。

参考《生态系统生产总值核算：概念、核算方法与案例研究》（欧阳志云等，2013），单位面积林分吸收热量为 $81.1 \times 10^3 kJ/hm^2$。

9. 森林吸收污染物

根据《中国生物多样性国情研究报告》（《中国生物多样性国情研究报告》编写组，1998），阔叶林、针叶林年平均吸收的 SO_2 分别为 88.65kg/(hm^2·a)、215.60kg/(hm^2·a)；阔叶林、针叶林年平均吸收的氟化物平均值分别为 4.65kg/(hm^2·a)、0.50kg/(hm^2·a)；森林每年平均吸收氮氧化物量为 6.00kg/(hm^2·a)；阔叶林、针叶林年平均滞尘量分别为 10 110kg/(hm^2·a) 和 33 200kg/(hm^2·a)。

10. 森林负离子

根据《森林生态系统服务功能评估规范》（LY/T 1721—2008），负离子寿命为 10min。

徐猛等（2008）的研究表明，帽峰山林内空气负离子浓度基本在 840 ~ 1200 个 /cm^3。由张兵等（2016）对广东车八岭自然保护区负离子浓度的检测结果可知，夏季林内的空气负离子浓度约为 12 500 个 /cm^3、秋季空气负离子浓度约为 2200 个 /cm^3。广州流溪河林场的空气负离子浓度为 2200 ~ 4500 个 /cm^3（石强等，2002）。

4.2　湿地资源资产核算体系

4.2.1　理论研究

湿地与森林、海洋并称全球三大生态系统，被誉为"地球之肾""天然水库"和"天然物种库"。根据《关于特别是作为水禽栖息地的国际重要湿地公约》（简称《湿地公约》）对湿地的定义："湿地系指天然或人造、永久或暂时之死水或流水、淡水、微咸或咸水沼泽地、泥炭地或水域，包括低潮时水深不超过 6m 的海水区。"因此，广义上的湿地包含了河流、湖泊、沼泽、珊瑚礁及人工湿地，如水库、鱼（虾）塘、盐池、水稻田等。

湿地具有保持水源、净化水质、抵御洪水、调节径流、蓄洪防旱、改善气候、美化环境和维护生物多样性等重要生态功能，健康的湿地生态系统是国家生态安全的重要组成部分和经济社会协调发展的重要基础。保护湿地资源对于维护生态平衡、改善生态状况、促进人与自然和谐、实现经济社会可持续发展，具有十分重要的意义（尹小娟等，2014）。

4.2.1.1 湿地生态系统服务功能的分类

自然生态系统能够提供多种多样的服务功能，而各种服务功能之间存在着相互联系、相互作用的关系。建立一个合理、适度的生态系统服务分类是对其进行研究的基础工作。国内外对于生态系统服务功能存在众多不同的分类体系，尚未形成统一的认可。国外学者（de Groot，1992）将生态系统服务功能分为四大类：调节功能、承载功能、生产功能和信息功能。Freeman（1993）提出了另外的分类系统：为经济系统输入原材料、维持生命系统、提供舒适性服务，分解、转移和容纳经济活动的副产品。而 Costanza 等（1997）从功能的角度提出了生态系统服务分类，将生态系统分为 17 种类型，包括气体调节、干扰调节、气候调节、水供给、水调节、防止侵蚀、土壤形成、养分循环、废物处理、生物防治、授粉、提供避难所、食物生产、基因资源、原材料、休闲和文化等。Daily（1997）在研究中将生态系统服务功能分为 11 类，包括有机物质的生产、生物多样性的产生和维持、减轻洪涝和干旱灾害、调节气候、土壤形成、有害生物的防治、授粉、种子的扩散，以及美学、文化和娱乐功能等。谢高地等（2008）根据国内民众和决策者对生态系统服务的理解程度，将生态系统服务重新划分为原材料生产、食物生产、气体调节、气候调节、水源涵养、土壤形成和保持、废物处理、景观愉悦、维持生物多样性。千年评估计划基于服务功能评价与管理的需要，将生态系统服务分为供给、调节、文化和支持四大类，其中支持服务功能是其他三项服务功能正常发挥的前提。

作为自然界最重要的生态系统之一，湿地提供了与人类生活息息相关的多项服务。其中湿地的供给服务如淡水、鱼类等是人类必需的，这一点已经达成共识。与此同时，湿地所提供的调节服务和支持服务，对于维持人类生存环境也起到了不可忽视的作用。除此之外，湿地还在美学、教育、文化等方面具有重要价值。

（1）供给功能

供给功能是指人类从生态系统中获取的各种产品，包括淡水、食物、纤维和材料等。人类利用的淡水资源，很大一部分来源于湖泊、江河和沼泽等内陆湿地；地下水也往往通过湿地得到补给，从而在供水方面发挥重要作用。

（2）调节功能

地下水补给功能：作为一种长期稳定存在且有着丰富水资源的生态系统，湿地与区域地下水的联系密切。湖泊、沼泽中的地表水可以作为地下水的供给来源，从湿地流入地下蓄水层的水可以作为浅层地下水，从而为周围供水；或者流入深层地下水，成为长期的水源。

调蓄洪水功能：湿地被称为陆地上的"天然蓄水器"，在调节径流、防止洪灾方面具有重要作用。湿地调蓄洪水能力的大小与湿地属性面积、位置、湿地类型等有关。一般来讲，湿地的面积越大，调蓄洪水和减缓洪水危害的能力也就越大。湿地土壤具有特殊的理化特性，具有强大的蓄水能力，洪水被储存在湿地土壤中或以表面水的形式滞留在湿地中，从而减少下游的洪水量。另外，湿地的植被可以减缓流速，也避免了所有的洪水在同一时间到达下游。洪水在一段时间后才被释放，一部分在流动过程中通过蒸发作用进入空气中，另外一些下渗补充地下水，这就使得湿地具有减缓河川径流的功能。

净化水质功能：湿地有着独特的沉积或者吸附、降解水中污染物、营养物质的作用，使得潜在的污染物转化为资源，包括湿地多样性群落与其环境间的相互作用过程，是一个复杂的物理化学生物作用系统。其中湿地中的物理作用包括过滤、沉积和吸附作用等。化学作用主要是为湿地中的微生物提供酸性环境，从而进行水体中无机污染物的降解和重金属转化。生物作用包括两类：一是湿地土壤和植被根际中的微生物对污染物的降解作用；二是湿地中大型的植物（如芦苇、香蒲等）在生长过程中从污水中汲取营养物质的过程。

调节气候功能：湿地拥有大量的水资源，通过与周围的热量和水汽交换，能够吸收周围的热量，降低温度和增加空气湿度，从而给人类带来惠益。

调节大气成分功能：湿地丰富的植物资源组成了一个巨大生态氧气生产车间，通过光合作用固定空气中的二氧化碳，生成人类和动物必需的氧气和有机质，同时降低了二氧化碳的浓度，使温室效应减弱。

保护生物多样性功能：湿地处于陆地生态系统和水生生态系统的交界处，具有巨大的食物链及其所支撑的丰富的生物多样性功能。可为众多野生动植物提供独特的生境，是天然的生物基因库。

（3）文化娱乐功能

文化功能是指人类通过认知发展、主观印象、消遣娱乐和美学体验，从自然生态系统获得的非物质利益。湿地生态系统的文化功能主要包括：文化多样性、教育价值、灵感启发、美学价值、文化遗产价值、娱乐和生态旅游价值等。湿地为人类在美学、教育、文化和精神方面提供了重要的惠益，对形成独特的传统、文化类型影响很大，同时也为人类提供了大量的休闲娱乐和旅游的场所。

（4）生命支持功能

生命支持功能是指维持自然生态过程与区域生态环境条件的功能，是上述服务功能产生的基础。与其他服务功能类型不同的是，它们对人类的影响是间接的并且需要经过很长时间才能显现出来。例如，土壤形成与保持、光合产氧、氮循环、水循环、初级生产力和提供生境等。以提供生境为例，湿地以其高景观异质性为各种水生生物提供生境，是野生动物栖息、繁衍、迁徙和越冬的基地，一些水体是珍稀濒危水禽的中转停歇站，还有一些水体养育了许多珍稀的两栖类和鱼类特有种。

4.2.1.2　湿地生态系统服务功能价值估算

从价值的利用情况来看，湿地生态系统服务功能的经济价值分为两大类，即使用价值和非使用价值。其中使用价值是指人类为了达到消费或生产目的而使用的生态系统服务的价值，包括有形的生态系统服务和无形的生态系统服务，这些服务被进一步划分为直接使用价值、间接使用价值和选择使用价值（李炜，2016）。

直接使用价值是指生态系统中人们为了达到消耗性目的或者非消耗性目的而直接使用的部分。消耗性目的使用部分包括湿地生态系统中的水资源、鱼产品、植物纤维等；非消耗性目的的使用部分包括文化愉悦（如湿地鸟类观赏等）。这类效益对应于服务功能分类系统中的供给服务功能和文化服务功能。间接使用价值是指生态系统服务功能中被用作生产人们使用的最终产品和服务的中间投入部分，如土壤成分的保持、地下水供给、水质净化等，这一部分对应于服务功能分类系统中的调节服务和支持服务。

选择价值。对于很多生态系统服务功能来说，尽管人们可能还没有从中获取任何效益，但是在为个人或者后代保存未来这些服务的选择机会方面，它们依旧存在价值。这类效益包括那些目前在一定程度上尚未被使用但是未来可能会被使用的供给服务、调节服务和文化服务。

非使用价值通常又被称作存在价值，是指人们在知道某种资源的存在后，对其存在确定的价值。

国内外很多科学家试图通过不同的方法，建立各种途径实现对生态系统服务功能进行货币化定量的方法。针对各项生态系统服务功能，其评估方法取决于许多客观的环境因素和条件。例如，当某一项服务功能属于私有物品，且可以在市场上进行交易时，在相对价格和其他经济因素的影响下，使用者可以通过他们对实际市场的选择，表现出对这一物品的偏好和喜爱程度。对于这类生态系统服务来讲，可以基于观测到的市场行为直接确定其市场需求曲线，通过公式求算出其经济价值量。但是，许多生态系统服务功能并不是私有物品或者是不能够进行市场交易的，因此不能根据对市场的观测估算出其供求曲线。在这种情况下，需要采取其他方法估算其服务功能的价值。

市场价值法：市场价值法是用来估计某些可以在市场上进行买卖交易的生态系统产品服务和功能价值的方法。生态系统提供的某些物品和服务是可以在市场上进行交易的，如木材、湿地泥潭、鱼虾产品等。因此，可以使用市场价值法对该项服务功能进行价值评价。

替代成本法：人们愿意花费成本来避免生态系统服务功能的丧失或者重置生态系统服务功能，说明这些投入成本反映了人们愿意为保护这些生态系统的服务功能而进行的相关支出。

避免损失法：湿地产品和服务的退化或损失，往往会导致其他经济活动蒙受损失，保护湿地则可以避免这些经济损失。因此，利用避免损失法，可以体现湿地某些功能发挥效益的对应价值。

旅行费用法：是以消费者的需求函数为基础来进行分析和研究的，用于估计那些用于娱乐的生态系统的价值。该方法的前提为人们去某个地区的时间和旅行费用代表了进入这个地点的价格。也就是用旅行的实际花费来代表对其的支付意愿，就某一湿地的旅游功能来讲，随着成本的降低，到该湿地旅行的人数呈上升趋势，这符合传统需求函数的规律。

意愿调查法：是典型的陈述偏好法。意愿调查法评估通常将一个家庭或个人作为样本，询问他们对于一项环境改善或者防止一项环境恶化措施的支付意愿，要求家庭或者个人对环境愿意支付的额度。本方法具有很大的灵活性，可以评估所有的非市场商品和服务，主要用于估计生态系统中的非使用价值，如对湿地生态系统中娱乐休闲服务功能的支付意愿。

在进行评估之前，首先要了解评估背景，即了解湿地生态系统类型、范围等情况，确定生态系统服务功能类型，并选择要进行评估的生态系统服务功能类型，即确定湿地生态系统中核心的服务功能，对其进行评估。在明确了湿地生态系统内部的评估对象以后，就面临着如何进行价值评估、采用什么方法进行具体评估的问题。评估方法的选择得当与否直接决定生态系统价值评估结果的有效性和正确性，因此其方法的选择显得尤其关键，一般按照下述原则进行方法的选择和确定。

1）能够提供必要的统计数据。真实有效的数据是选择生态系统评估方法和确保评估结果真实无误的基础。缺乏相关的统计数据，会导致评估结果的不准确，并难以获得政府和公众的认可。只有提供良好真实的数据进行支持论证，才能为生态系统评估结果提供良好的基础。因此在选择生态系统服务功能价值估算方法之前，最先考虑的是数据的真实性和有效性。一方面根据生态系统形态，从物质量角度对服务功能相关的物理结构、功能和生态过程的定量化数据进行搜集；另一方面需要相关的社会经济、环境数据，以便为方法的进一步开展提供分析基础。

2）具有技术保障和制度保障。由于生态系统价值估算方法尚未形成全面的、普遍认可的方法技术规范，很多问题尚未得到圆满的解决，在进行技术选择时尽量采用目前物理、生物技术可以保障的方法。还要考虑相关制度的完善程度，选择在现行制度下能够有效反映消费者经济行为的方法估算经济剩余，保障评估结果趋向真实可靠。

对现有文献研究梳理可发现（表 4-14），某些生态系统服务功能已经在全球范围内形成了较为通用的方法，如水源供给、食物供给功能，最为普遍的方法就是将其引入市场，通过市场价值法进行定价和估算；有些服务功能的计算方法则不同，需要根据具体的生态系统特征、数据获取程度等情况，选择不同的方法进行估算，如大气调节价值、休闲旅游价值等（马占东等，2014；张翼然，2014；江波等，2011；刘晓辉等，2008；许妍等，2010；姚卫浩等，2009）。

表 4-14   生态系统服务功能与价值评估方法

服务功能	市场价值法	替代成本法	影子价格法	旅行费用法	支付意愿法
干扰调节		5	0		1
水调节	1	1	5		0
水供给	5	3	0	0	0
土壤保持		3	0		0
土壤形成		3	0		0
氮循环		5	0		0
净化水质		5	0		3
授粉	0	5	3		0
生物控制	1	5	3		0
生物栖息	5	0	0		3
保育功能	5	0	0		0
食物	5	0	3		1
原材料	5	0	3		1
基因资源	5	0	3		0
药用资源	5	0	3		0
美学价值		0		0	0
休闲旅游	5	0	3	3	5
文化艺术	0		0	0	5
科研教育	5		0	0	0

注：按照某种方法被应用的程度，以 5 分表示最常用方法，3 分表示部分研究使用方法，1 分表示少数使用过该方法，0 表示仅见 1 次使用过该方法

4.2.1.3 存在的问题

（1）湿地生态系统及服务功能的界定

从经济学角度来分析，如果要准确评估某件物品的价值，必须清楚了解其真实的内容、特征、性质等，以便明确其范围和边界。然而在目前所开展的湿地生态系统服务功能的价值估算研究领域，存在较有难度的问题，即缺乏对湿地、湿地生态系统、湿地服务功能的明确定义和界限分定。由于湿地生态系

统是一个由多要素构成、结构复杂、功能多变的层级系统，生态系统内部各要素之间相互作用、相互联系，结构与功能之间又存在相互依存、相互制约和相互转化。生态系统内部的各个要素之间、人类与生态系统之间及不同尺度的生态系统之间，存在着复杂的能量流、信息流和物质流交换（崔保山和杨志峰，2001）。基于上述的复杂性和多元性，目前对湿地生态系统的科学认识仍然存在一定的局限性，对于某些服务功能及其分类有着众多的定义和见解，采用的评价指标不一致，某一种服务功能往往有着几种不同的评价方法，导致评价的差异过大，另外，某些服务功能的价值估算方法仍然有待商榷。总之，由于湿地本身的复杂性，生态系统内部各类生物、物理、化学因子之间存在复杂的能量、物质和信息置换关系，目前的研究水平难以进行准确的描述和定位，在这些问题没有得到有效解决以前，生态系统服务功能价值估算难免面临着瓶颈。

湿地生态系统服务功能的界定和分类存在着不确定性，容易导致对某些服务功能的重复计算、忽略计算（赵桂慎等，2008）。这是由于在某些情况下，某一生态系统的服务是由两种或两种以上的生态系统功能共同承担的结果；而在另外一些情况下，某一生态功能则参与形成两种或两种以上的生态系统服务。即不同类型的生态系统服务之间存在着相互依赖性，湿地生态系统服务功能的内在驱动和外在表现是复杂、多元的，简单地将其分成互不联系的类型是不切合实际的。人类对于自然生态系统过程的原理、机制还没有充分地深入了解，对生态系统服务功能之间存在的联系和相互依赖性仍缺乏足够的认识，在对其进行分类时存在较多的人为因素，因此在服务功能研究中容易出现各种不确定性。

（2）湿地生态系统级研究的尺度问题

生态系统服务取决于一定时间和空间尺度上的各种生态过程。任何现象的尺度问题、相互联系的程度问题、跨尺度的测量问题，以及在不同尺度间同一现象的变化等都是非常重要的问题，这些问题是分析任何生态系统的基础。*Wetlands*（William，1993）一书中指出，湿地所提供的主要服务功能是存在于不同尺度条件下的（表 4-15），即各项服务功能只在某些特定的尺度下加以实现并为人类提供福利。

表 4-15　不同尺度下湿地提供的主要服务功能

尺度	价值
种群尺度	动物皮毛；水禽等鸟类
	鱼类和贝类；木材和植物产品
	珍稀动植物
生态系统尺度	削减洪水、暴雨；与地下水的水交互
	提高水质；提供美学价值
生物圈尺度	氮循环；碳循环等

生态系统的尺度问题随着其所在的时间和空间位置发生转换，在不同的构架下有着不同的表现特征，很少能够存在一个理想的生态系统，能够满足和实现不同尺度下的需求。有关生态系统尺度、尺度转换的问题，也是生态系统研究领域的重点和难点。总体来讲，随着空间尺度的变化，生态系统所表现的主要服务功能和承载意义会随之发生变化。事实上，许多环境问题都是制定决策的尺度和相对应的生态过程不匹配导致的。如果仅仅关注某个单一的尺度，那么就很容易造成由于对生态系统的片面索取，影响其整体的平衡发展，从而导致其他严重的环境问题。

（3）应用经济学方法进行价值估算的局限性

传统经济学理论中将商品的价值定义为：凝结在商品中的无差别的人类劳动就是商品的价值。严格从这个定义出发的话，生态系统服务功能不是完全蕴含于人类劳动中的，而是具有公共物品的属性特征，所以难以通过市场价值真实地反映出价值量，从而导致以市场价格为基础的价值评价结果难以反映出真实的支付意愿，导致评价结果偏高或者偏低。价格偏高则超出人们的接受范围，难以将评估结果真正地应用于决策分析中；而估算价值偏低则难以引起民众对生态系统服务功能重要性的认识，造成对湿地资源的污染、破坏等（张翼然，2014）。

很多生态系统服务功能类型如净化水质、调蓄洪水、维持生物多样性等，不能够进行市场交易。由于生态系统服务功能的公共物品特性导致市场失灵，这些服务功能往往不能全面反映其真实的价格。另外，公众对生态系统服务功能的认识程度大多局限在具有市场价格的直接服务功能，对于间接服务功能往往认识不足，基于问卷调查的评价难以得出真实的消费需求曲线和消费者剩余。湿地生态系统服务功能的价值评价只有在足够的理论支持下，才能够形成合理的服务功能计算思路，这一点需要湿地生态学、经济学、社会学等多学科理论和方法的支持。

4.2.1.4　湿地生态系统服务效益转换法

由于时间、成本及其他约束条件的限制，在进行大尺度价值估算时，对研究区内每块湿地的生态系统状况进行调研，计算其价值量是不现实的。随着资源价值评价理论和方法的不断创新，在大量的资源价值评价实证研究结果的基础上，利用统计学和计量学方法，将已有的环境价值评价结果，转移到待评价地区，从而得到政策地的估算结果，这种方法被称作效益转换法。利用效益转换法进行湿地生态系统价值转换研究是国际湿地领域的重要研究方向，美国和欧洲地区在该领域做了较多研究。

随着近年来国外一些学者对效益转换方法与理论的不断探索，由于该方法能够在对大尺度研究中得到更为准确合理的价值估算结果，成了自然资源生态系统服务价值估算中较为前沿的研究领域。《环境价值转移：问题与方法》（Stale and Richard，2007）一书中，对价值效益转换方法进行了全面的总结和讨论，包括研究回顾、实证研究应用、精确度与有效性分析及未来发展等。

与进行估算生态系统价值的基础研究、传统方法相比，使用效益转换方法在为决策者制定政策、提供信息等方面有着许多优势。从实用的角度看，效益转换方法能够在不太昂贵且花费时间较少的前提下实现对大尺度资源评价。综合国内外研究中用到的方法（Brookshire and Neill，1992；Eade and Moran，1996；Fernandes et al.，1999；Eftec，2009），总结效益转换主要有如下几种形式。

1）直接单位转换：通过搜集一个或者几个与政策地资源属性、地理特征相类似的实证研究，计算出其单位面积的经济价值量或取多个研究地的平均值，直接将其作为政策地的单位面积价值。这种方法的前提是两地区之间的湿地环境差异、社会经济特征及湿地的稀缺性等条件存在一定的相似性。Costanza等的研究成果问世以后，国内有很多研究都是参照其中某一生态类型的某一项服务功能的价值量乘以研究区总面积，二者的研究分别基于全球和区域尺度，且国内外自然条件和社会经济、人口状况差异等问题都导致该方法存在不可忽视的计算误差。

2）调整单位价值转换：在进行价值转换之前，通过考虑政策地生态系统的数量和质量、社会经济条件特征等，对要被转换的单位价值进行简单的调整以便反映不同地理条件下的差异，从而更好地反映政策地的实际情况。例如，谢高地等（2001）在对中国草地生态系统进行价值估算时，依据Costanza等的研究结果，在对草地生态系统服务价格按照其生物量修订的基础上，逐项估计各类草地生态系统服务价值。

3）函数转换法：对案例与被估计生态系统的各项因子建立函数模型，计算出所求价值量。模型参数包括研究区特征，如湿地类型、面积等，还包括湿地所处的地区特征，如社会、经济、人口特征等参数。结合政策地的价值参量信息，使用通过研究地的价值估算方法得到的需求或价值函数对价值进行转换。政策地的价值参量被代入价值函数用于计算反映政策地特征的被转换价值。

4）整合分析价值转换法：基于整合分析的效益转换是将大量现有的对湿地生态系统价值评价的实例研究作为样本，通过多元回归方法来估计效益转换函数的方法。使用由多个研究结果估算出来的函数能够结合有关政策地的参数价值量信息，价值函数不是来自于一个单独的研究而是众多研究的集成，这种情况允许价值函数包括地区特征，如社会经济和自然属性与研究特征。由于考虑地理位置、社会经济状况和湿地生态系统服务类型等参数指标，整合分析提供了一种较为精确的价值转移方法，相对于其他价值转换法产生更低的转换误差，得到越来越多的应用（Ready and Navurd，2006；Rosenberger and Stanley，

2006）。其缺点在于相对于其他通过直接获取的资料、数据得出的价值评估结果而言，该方法的结果可靠性在很大程度上取决于原始研究的精确程度。

4.2.1.5　湿地资源价值评估案例研究

国外对湿地效益的评价工作开展得较早，20 世纪初，美国为了建立野生动物保护区特别是迁徙鸟类、珍稀动物保护区而开展了湿地评价工作。20 世纪 70 年代初，美国麻省大学（即马萨诸塞大学）Larson 提出了湿地快速评价模型，强调根据湿地类型评价湿地的功能，并以受到人类活动干扰的自然和人工湿地为参照，该模型在美国和加拿大等国家得到了广泛的应用，并进一步推广和应用到许多发展中国家。1972 年，Young 等就对水的娱乐价值进行了评价，后有许多研究对不同河流的娱乐经济价值及河流径流、水环境质量对娱乐价值的影响开展了评价。Wilson 等对美国 1971 ～ 1997 年的淡水生态系统服务经济价值评估研究做了总结回顾，其中大多数研究涉及河流生态系统的娱乐功能评估。此后，湿地生态经济效益评价得到广泛的重视，评价方法也取得了巨大进展，并为湿地生态系统的管理提供了基础。1991 年加拿大科学家 Bond 等在湿地与开发项目的效益成本方面进行了研究，这个评估指南将整个评估过程划分为基本分析、详细分析和专门分析三个阶段，对湿地价值和拟议的项目价值进行了对比分析。

在对我国典型地区湿地生态系统服务功能进行评价的研究中，有对湿地生态系统的单一服务功能进行物质量和价值量的分析探究，如对三江平原湿地土壤碳存储功能价值评估（刘晓辉和吕宪国，2008）、艾比湖调节气候功能价值量评价（王继国，2007）、以东洞庭湖湿地为例的防洪功能评价（吴炳方等，2000）。崔丽娟（2004）、崔丽娟和张曼胤（2006）分别对鄱阳湖和扎龙湿地进行了服务功能价值研究，得出其年价值量分别为 3.63×10^{10} 元 /a 和 1.56×10^{10} 元 /a；张晓云等（2008）利用卫星遥感资料，结合社会经济调查，构建了若尔盖高原湿地主要生态系统服务价值评价模型，得出 2006 年若尔盖高原湿地生态系统服务价值为 170 亿元；还有一些有对流域、行政区域为评价单元进行的评价工作，辛琨和肖笃宁（2002）估算出盘锦地区湿地生态系统服务功能价值，得出该地区湿地各项功能的总价值为 62.13×10^{8} 元；江波等（2011）以 2005 年为基准年，评估出海河流域湿地生态系统提供的 12 类生态系统服务的总价值为 4123.66×10^{8} 元，其中直接使用价值和间接使用价值分别为 257.46×10^{8} 元和 3866.2×10^{8} 元，间接使用价值是直接使用价值的 15.02 倍。欧阳志云等（2004）对东部平原地区、东北平原地区与山区和云贵高原地区的湖泊、沼泽、水库和河流进行了直接使用价值和间接使用价值的计算，其中间接使用价值包含调节功能、文化功能和生命支持功能 3 大类 8 小类的生态系统服务功能价值核算，结果表明，其间接使用总价值为 6038.78×10^8 元，相当于供水、发电、航运、水产品生产等产品直接价值（3772.05×10^8 元）的 1.6 倍，表明水生生态系统除为社会提供直接产品价值外，还具有巨大的间接使用价值。众多学者运用影子工程法、市场价值法、旅行费用法等价值量转换方法对湿地生态系统服务功能进行价值评估，优势在于将湿地生态系统提供的服务价值以货币化的形式客观地展现出来，使人们能够直观地理解湿地生态系统所产生的巨大服务效应，促进湿地得到科学有效保护及区域生态的可持续发展。

湿地生态系统功能价值评价方法不胜枚举，但是由于各个国家在自然地理地貌条件、湿地类型、社会经济发展水平，以及对湿地的管理政策等方面千差万别，国外的评价方式不能完全适用于中国的实际情况，只能参考借鉴；各国湿地功能评价研究是根据不同管理目的有针对性开展的，评价目的、标准、湿地类型和所处的地理环境及社会经济条件不同，其评价方法甚至评价结果可能相差甚大。对于湿地生态系统服务功能评估，一方面要对湿地生态系统的组成、结构，生态系统服务功能的生态机理继续深入研究，获得可靠的生态学数据和资料；另一方面要运用适合的价值评估方法进行生态学评估，得到具有说服力的评估结果。

4.2.2　核算指标

4.2.2.1　核算对象

广东省湿地资源丰富，根据第二次全国湿地资源调查的结果，全省湿地面积约为 175.34 万 hm^2（不含水稻田湿地 105.5 万 hm^2），居全国各省（自治区、直辖市）第 7 位，约占全省土地面积的 9.75%。其中自然湿地 115.81 万 hm^2，占湿地总面积的 66.05%，人工湿地约 59.53 万 hm^2，占湿地总面积的 33.95%。按《广东省森林资源规划设计调查操作细则》中的类型划分（表 4-16），近海及海岸湿地约 81.5 万 hm^2，占全省湿地面积的 46.49%，其中红树林约 2.0 万 hm^2；河流湿地约 33.8 万 hm^2，占全省湿地面积的 19.27%；人工湿地 59.5 万 hm^2，占全省湿地面积的 33.95%；湖泊湿地 1534.8hm^2；沼泽湿地 3621.6hm^2。不同湿地类型面积统计见表 4-17。在湿地生物多样性方面，全省湿地植物有 443 种，分属于 135 科 294 属；野生动物有水鸟 13 目 23 科 155 种，哺乳类 8 目 17 科 32 种，爬行类 3 目 13 科 60 种，两栖类 2 目 9 科 32 种，鱼类有海鱼 54 科 211 种，淡水鱼 17 目 45 科 321 种。

表 4-16　湿地类型

湿地类	湿地型	湿地类	湿地型
1. 近海及海岸湿地	浅海水域	2. 河流湿地	永久性河流
	潮下水生层		洪泛平原湿地
	珊瑚礁	4. 沼泽湿地	草本沼泽
	岩石海岸		灌丛沼泽
	沙石海滩		森林沼泽
	淤泥质海滩	5. 人工湿地	库塘
	潮间盐水沼泽		运河、输水河
	红树林沼泽		水产养殖场
	河口水域		稻田 / 冬水田
	三角洲 / 沙洲 / 沙岛		盐田
	海岸性咸水湖		
3. 湖泊湿地	永久性淡水湖		
	季节性淡水湖		

表 4-17　不同湿地面积统计

湿地类	湿地型	面积（hm²）	比例（%）	湿地类面积（hm²）	湿地类比例（%）
近海及海岸湿地	浅海水域	51 8368.5	29.56	815 098.5	46.49
	潮下水生层	112.7	0.01		
	珊瑚礁	230.7	0.01		
	岩石海岸	2 046.2	0.12		
	沙石海滩	19 459.9	1.11		
	淤泥质海滩	32 848.3	1.87		
	潮间盐水沼泽	802.3	0.05		
	红树林沼泽	19 751.2	1.13		
	河口水域	193 200	11.02		
	三角洲 / 沙洲 / 沙岛	10 019.2	0.57		
	海岸性咸水湖	18 259.5	1.04		
河流湿地	永久性河流	320 632.1	18.29	337 880.7	19.27
	洪泛平原湿地	17 248.6	0.98		
湖泊湿地	永久性淡水湖	1 534.8	0.09	1 534.8	0.09
	季节性淡水湖	0.0	0.00		
沼泽湿地	草本沼泽	3 317.4	0.19	3 621.6	0.21
	灌丛沼泽	206.3	0.01		
	森林沼泽	97.9	0.00		
人工湿地	库塘	219 062	12.49	595 308.7	33.95
	运河、输水河	9 387.8	0.54		
	水产养殖场	364 550	20.79		
	盐田	2 308.9	0.13		
合计		1 753 444.3	100.00	1 753 444.3	100.00

1. 近海及海岸湿地

近海及海岸湿地包括低潮时水深 6m 以内的海域及其沿岸海水浸湿地带,广东省有以下 11 型。

1) 浅海水域:低潮时水深不超过 6m 的永久浅水域,湿地底部由无机部分组成,植被盖度< 30%,包括海湾、海峡。

2) 潮下水生层:海洋低潮线以下,湿地底部由有机部分组成,植被盖度≥30%,包括海草层、海草、热带海洋草地。

3) 珊瑚礁:由珊瑚聚集生长而成的浅海湿地。包括珊瑚岛及其有珊瑚生长的海域。

4) 岩石海岸:底部基质 75% 以上是石头或砾石,植被盖度< 30% 的硬质海岸,包括岩石性沿海岛屿、海岩峭壁。包括低潮水线至高潮浪花所及地带。

5) 沙石海滩:由砂质或砂石组成的,植被盖度< 30% 的疏松海滩。

6) 淤泥质海滩:由淤泥质组成的植被盖度< 30% 的泥 / 沙海滩。

7) 潮间盐水沼泽:河口地区形成的植被盖度≥30% 的潮间沼泽,包括盐碱沼泽、盐水草地和海滩盐泽、高位盐水沼泽。

8) 红树林沼泽:以红树植物群落为主的潮间沼泽。

9) 河口水域:在河口地区,由河水和海水相互作用形成的湿地系统,包括河流中海水高潮所及区域至河口外海滨段的淡水舌锋缘之间的永久性水域。

10) 三角洲 / 沙洲 / 沙岛:河口系统四周冲积的泥 / 沙滩、沙州、沙岛(包括水下部分),植被盖度< 30%。

11) 海岸性咸水湖:地处海滨区域有一个或多个狭窄水道与海相通的湖泊。

2. 河流湿地

河流湿地是围绕天然河流水体而形成的河床、河滩、洪泛区、冲积区等自然体的总称。广东省河流湿地有以下两型。

1) 永久性河流:常年有河水径流的河流,仅包括河床部分。

2) 洪泛平原湿地:在丰水季节由于洪水泛滥淹没的河流两岸地势平坦地区,包括河滩、泛滥的河谷、季节性泛滥的草地。

3. 湖泊湿地

湖泊湿地为由地面上大小形状不一、充满水体的天然洼地组成的湿地,包括各种天然湖、池、潭、泊等各种水体名称。广东省湖泊湿地包括以下两型。

1) 永久性淡水湖:常年积水的淡水湖泊。

2) 季节性淡水湖:季节性或临时性的洪泛平原湖。

4. 沼泽湿地

沼泽湿地为具有以下 3 个基本特征的自然综合体：①受淡水、咸水或盐水的影响，地表经常过湿或有薄层积水；②生长沼生和部分湿生、水生或盐生植物；③有泥炭积累或无泥炭积累而仅有草根层和腐殖质层，但土壤层中具有明显的潜育层。

广东省沼泽湿地有以下 3 型。

1）草本沼泽：由水生和沼生的草本植物组成优势群落的淡水沼泽。

2）灌丛沼泽：以灌丛植物为优势群落的淡水沼泽。

3）森林沼泽：以乔木森林植物为优势群落的淡水沼泽。

5. 人工湿地

人工湿地为源于人类为获取某种湿地功能或用途而建造或对自然湿地进行改造而形成的湿地。广东省人工湿地有以下 5 型。

1）库塘：为蓄水、发电、农业灌溉、城市景观、农村生活而导致的积水区，包括水库、农用池塘、城市公园景观水面等。

2）运河、输水河：为输水或水运而建造的人工河流湿地，包括以灌溉为主要目的的沟、渠。

3）水产养殖场：以水产养殖为主要目的而修建的人工湿地。

4）稻田 / 冬水田：能种植一季、两季、三季的水稻田，或者冬季蓄水或浸湿的农田。

5）盐田：为获取盐业资源而修建的晒盐场所或盐池，包括盐池、盐水泉。

从表 4-18 可以看出，除近岸海域外，我省的湿地主要由永久性河流、库塘等类型组成，季节性淡水湖、灌丛沼泽、森林沼泽等湿地类型极少。因此，结合自然资源资产及生态系统服务功能供给，通过现场调研、资料文献研究和专家咨询，结合数据的可获取性、核算的可操作性及我省国有林场和森林公园的湿地类型实际，本次纳入负债表的湿地资源包含了近海及海岸湿地（红树林沼泽）、河流湿地、湖泊湿地、沼泽湿地、人工湿地，共 5 个类型。

4.2.2.2　核算指标

结合联合国《千年生态系统评估》（*The Millennium Ecosystem Assessment*）及众多文献研究经验，同时将生态系统服务功能价值的分类与森林资源对接，本研究将不同类型的湿地生态系统服务功能分为经济效益、生态效益两大类（由于社会效益核算是以森林公园为单位进行的，且在森林资源价值核算中已对整个森林公园的社会效益进行了计算，因此本节不再对湿地资源的社会效益单独核算），并结合五类湿地的生态系统服务功能分类细化为 10 项指标进行评价

（表 4-18）。指标进行核算时先分别对各类功能分项核算，然后加和。

表 4-18　湿地资源价值评价指标

价值分类	服务功能	红树林（近海及海岸湿地）	沼泽湿地	河流湿地	湖泊湿地	人工湿地
经济效益	提供动物饵料	●	○	○	○	○
	淡水供给	○	○	●	●	●
	水力发电	○	○	●	●	●
生态效益	地表水调蓄	○	●	●	●	●
	水质净化	○	●	●	●	●
	区域气候调节	●	●	●	●	●
	净化大气	●	◎	◎	◎	◎
	固碳释氧	●	●	○	○	○
	生物多样性保护	●	○	○	○	○

　　注：表中●表示该类湿地类型存在该类服务功能；○表示该类湿地类型暂不计算该项服务功能；◎表示该类湿地类型存在部分该类服务功能

4.2.3　核算模型

　　虽然国内外就湿地生态系统服务价值的评估方法开展了大量的研究工作，但尚未形成一套统一的评估体系，方法的不同也导致研究结果之间存在较大差异，从而限制了对生态系统服务功能及其价值的客观认知。功能价值法是基于生态系统服务功能量的多少和功能量的单位价格得到总价值，此类方法通过建立单一服务功能与局部生态环境变量之间的生产方程来模拟小区域的生态系统服务功能，是当前较多学者（赵同谦等，2003；欧阳志云等，2004；王景升等，2007）及《森林生态系统服务功能评估规范》采用的方法。

　　1. 提供动物饵料

$$E_{饵料} = C_{饵料} M_{凋落物} kA \qquad (4\text{-}25)$$

式中，$E_{饵料}$ 为红树林湿地提供鸟类、鱼、虾、蟹等动物的饵料价值（元/a）；$C_{饵料}$ 为每吨饵料平均价格（元/t）；$M_{凋落物}$ 为单位面积红树林凋落物量（t/hm²）；k 为凋落物饵料成品率；A 为湿地面积（hm²）。

　　2. 淡水供给

$$E_{淡} = P_{水} Q_{淡} \qquad (4\text{-}26)$$

式中，$E_{淡}$ 为淡水供给价值（元/a）；$P_{水}$ 为水价（元/t）；$Q_{淡}$ 为淡水资源量（t）。

3. 水力发电

$$E_{电} = C_{电} Q_{电} \qquad (4\text{-}27)$$

式中，$E_{电}$ 为水力发电价值（元 /a）；$C_{电}$ 为电价 [元 /（kW·h）]；$Q_{电}$ 为年水利发电量（kW·h）。

4. 地表水调蓄

$$E_{调} = P_{调} Q_{调} \qquad (4\text{-}28)$$

式中，$E_{调}$ 为地表水调蓄价值（元 /a）；$P_{调}$ 为单位调蓄价格（元 /m³）；$Q_{调}$ 为地表水调蓄总量（m³）。

5. 水质净化

$$E_{净} = P_{污} Q_{容} \qquad (4\text{-}29)$$

式中，$E_{净}$ 为水质净化总价值（元 /a）；$P_{污}$ 为污染物单位处理成本（元 /t）；$Q_{容}$ 为水环境容量 [化学需氧量（COD）、氨氮（NH₃-N）]。

6. 区域气候调节

1）红树林湿地。根据影子工程法的原理，可采用市场电价作为代替的价值量进行有关计算：

$$E_{降温} = \rho H_a C_{电} A \qquad (4\text{-}30)$$

式中，$E_{降温}$ 为红树林降温效果的价值（元 /a）；ρ 为常数，1/3600（kW·h/kJ）；H_a 为单位红树林湿地单位面积吸收的热量（kJ/hm²）；$C_{电}$ 为用电价 [元 /（kW·h）]；A 为红树林湿地面积（hm²）。

2）其他类型湿地。

$$E_{区} = \rho R_{蒸发} C_{电} A \qquad (4\text{-}31)$$

式中，$E_{区}$ 为区域气候调节总价值（元 /a）；ρ 为常数，1/3600（kW·h/kJ）；$C_{电}$ 为电价 [元 /（kW·h）]；$R_{蒸发}$ 为平均水面蒸发吸收热量（kJ/hm²）；A 为湿地面积（hm²）。

7. 净化大气

1）红树林湿地。可采用污染物治理费用作为代替的价值量进行有关价值的计算：

$$E_{吸收污染物} = \sum_j K Q_j A \qquad (4\text{-}32)$$

式中，$E_{吸收污染物}$为红树林湿地吸收污染物价值（元/a）；K_j为污染物 j 的治理费用（元/kg）；Q_j 为单位面积红树林年污染物吸收量（kg/hm²）；A 为红树林湿地面积（hm²）；j 为二氧化硫、氮氧化物、氟化物、扬尘等。

2）其他类型湿地。

$$E_{气} = P_{粉} Q_{粉} A \tag{4-33}$$

式中，$E_{气}$为净化大气功能服务价值（元/a）；$P_{粉}$为降低粉尘的单位价格（元/t）；$Q_{粉}$为单位面积水域降低粉尘数量（t/hm²）；A 为湿地面积（hm²）。

8. 生产负离子

根据影子工程法的原理，可采用人工生产负离子费用作为代替的价值量进行有关价值的计算：

$$E_{负离子} = 5.256 \times 10^{15} \times \frac{HK_{负}(Q_{负}-600)}{L} A \tag{4-34}$$

式中，$E_{负离子}$为红树林湿地负离子生产价值（元/a）；H 为林分高度（m）；L 为负离子寿命（min）；$K_{负}$ 为人工负离子生产费用（元/个）；$Q_{负}$ 为红树林负离子浓度（个/cm³）；A 为红树林湿地面积（hm²）。

9. 固碳释氧

湿地资源固碳释氧的价值构成分固碳、释氧两部分。

（1）固碳

a. 红树林湿地

根据影子工程法的原理，可采用人工固碳价格作为代替的价值量进行红树林湿地固碳价值的计算：

$$E_{固碳} = (\alpha B_n + F_s) C_C A \tag{4-35}$$

式中，$E_{固碳}$为湿地资源固碳价值（元/a）；α 为红树林碳含量（%）；B_n 为年净生产力（t/hm²）；F_s 为单位面积湿地土壤固碳量（t/hm²）；C_C 为所参考人工固碳的市场价格（元/t）；A 为红树林湿地面积（hm²）。

b. 沼泽湿地

根据影子工程法的原理，可采用人工固碳价格作为代替的价值量进行沼泽湿地固碳价值的计算：

$$E_{固碳} = \left(1.63 \frac{12}{44} B_n + F_s\right) C_C A \tag{4-36}$$

式中，$E_{固碳}$为湿地资源固碳价值（元/a）；B_n 为沼泽湿地年净生产力（t/hm²）；

F_s 为单位面积湿地土壤年固碳量（t/hm²）；C_C 为所参考人工固碳的市场价格（元 /t）；A 为沼泽湿地面积（hm²）。

（2）释氧

根据影子工程法原理，可采用人工制氧价格作为代替的价值量进行释氧价值的计算：

$$E_{释氧} = 1.19 B_n C_O A \qquad (4-37)$$

式中，$E_{释氧}$ 为湿地资源释氧价值（元 /a）；B_n 为年净生产力（t/hm²）；C_O 为所参考人工制氧的市场价格（元 /t）；A 为湿地面积（hm²）。

10. 生物多样性保护

根据机会成本法原理，生物多样性保护的价值构成为

$$E_{生物} = SA \qquad (4-38)$$

式中，$E_{生物}$ 为湿地生物多样性保护价值（元 /a）；S 为单位面积年物种损失的成本（元 /hm²）；A 为湿地面积（hm²）。

4.2.4 核算参数

4.2.4.1 价格参数

（1）饵料平均价格

根据薛杨等（2014）对海南省红树林湿地生态系统服务功能价值评估，养殖业饵料平均价格约为 2000 元 /t。

（2）水价

根据广东省 2010 年度各市县区城市供水价格情况表了解到，2010 年广东省地市平均供水的单位价格为 1.84 元 / m³。

（3）市场电价

根据国家发展和改革委员会公布的消息，全国各地的现电价为 0.37 ～ 0.62 元 /(kW·h)，平均电价为 0.52 元 /(kW·h)，其中广东省平均电价约为 0.61 元 /(kW·h)。

（4）单位水文调蓄价格

采用影子工程法，通过单位库容造价衡量单位水文调蓄价格。根据对各省近年水库工程相关信息的调查统计，单位库容造价为 4 ～ 34 元 /m³，平均约为 14.1 元 /m³。

（5）污染物单位处理成本

根据相关研究（李烨楠等，2014），化学需氧量（COD）和氨氮（NH₃-N）削减成本的加权（以削减量进行加权）均值分别为 4936 元 /t 和 17 755 元 /t。

（6）污染物单位处理成本

参照国家发展和改革委员会 2003 年发布的《排污费征收标准及计算方法》标准，每年排放的 SO_2 收费标准为 1.2 元 /kg，每年排放氟化物的收费标准为 0.69 元/kg，排放氮氧化物的收费标准为 0.63 元 /kg，排放粉尘的收费标准为 0.15 元 /kg。与《森林生态系统服务功能评估规范》（LY/T 1721—2008）中给出的参考价格一致。

（7）人工固碳成本

根据仲伟周和邢治斌（2012）对我国各省造林固碳成本收益分析的结果，其平均成本约为 1152.8 元 /t。华东地区的固碳成本最高，为 2042.6 元 /t，西南地区的平均固碳成本最低，为 819.4 元 /t。

（8）人工造氧价格

根据《森林生态系统服务功能评估规范》（LY/T 1721—2008）中的推荐价格，人工造氧价格取值为 1000 元 /t。

（9）单位面积年物种损失的成本

根据薛杨等（2014）对海南省红树林湿地生态系统服务功能价值评估，红树林单位面积年物种损失的成本取 Shannon-Wiener 指数平均值下的成本价值 15 000 元 /(hm²·a)。

4.2.4.2 功能参数

（1）单位面积红树林凋落物量

根据朱可峰等（2011）对广州南沙人工红树林凋落物组成与季节变化的研究得出的结论，单位面积红树林凋落物量为 13.23 ～ 15.19t/(hm²·a)。

（2）凋落物饵料成品率

根据薛杨等（2014）对海南省红树林湿地生态系统服务功能价值评估，凋落物饵料成品率约为 10%。

（3）红树林湿地单位面积吸收的热量

参考《生态系统生产总值核算：概念、核算方法与案例研究》（欧阳志云等，2013），单位面积林分吸收热量为 $81.1 \times 10^3 kJ/hm^2$。

（4）平均水面蒸发吸收热量

王兆礼等（2007）对广东省 117 个蒸发站点的研究显示，全省多年平均水面蒸发量为 776.3 ～ 1300mm，均值约为 1038mm。考虑到随着温度升高，水的汽化热会越来越小，因此，取水温在 100℃、1 标准大气压下的汽化热为 2.26×10^3kJ/kg，则广东省单位水面蒸发吸收的总热量为 23.46×10^9kJ/hm^2。

（5）单位面积红树林年污染物吸收量

根据何海军等（2015）对海南红树林湿地生态系统服务功能价值评估，单位面积红树林污染物吸收量取值同阔叶树种，即年平均吸收的 SO_2 为 88.65kg/（hm^2·a）；年平均吸收的氟化物为 4.65kg/（hm^2·a）；年平均吸收的氮氧化物为 6.00kg/（hm^2·a）；年平均滞尘量为 10 110kg/（hm^2·a）。

（6）单位面积水域降尘量

根据 2005 年广东省环境质量公报，全省城市空气平均降尘量为 0.636t/hm^2。

（7）红树林负离子浓度

根据《森林生态系统服务功能评估规范》（LY/T 1721—2008），负离子寿命为 10min。

根据薛杨等（2014）对海南省红树林湿地生态系统服务功能价值评估，红树林内负离子浓度为 1283 个 /cm^3。

（8）红树林湿地年净生产力

参考韩维栋等（2000）、曾祥云和利锋（2013）、辛琨等（2006）的研究，我国红树林年净生产力约为 11.35t/（hm^2·a）。

（9）沼泽湿地净生产力

根据姜春等（2016b）对广东省不同土地覆盖类型的净生产力的研究，2000年、2005 年、2010 年的 3 年广东省沼泽湿地年均净生产力为 3.95t/（hm^2·a）。

（10）单位面积湿地土壤年均固碳量

高常军等（2017）对广东省滨海湿地生态系统服务价值估算的研究显示，湿地土壤的年均固碳量（固碳 - 碳释放）为 2.789t/（hm^2·a）。

（11）红树林碳含量

《2006 年 IPCC 国家温室气体清单指南》推荐了地上部森林生物量的碳比例，其中热带和亚热带树种碳含量为 0.47（0.44 ～ 0.49），温带和寒温带阔叶树种碳含量为 0.48（0.46 ～ 0.50），针叶树种为 0.51（0.47 ～ 0.55）（IPCC，2006）目前大部分研究均采用 0.45 或 0.5 作为平均碳含量估测碳储量。

4.3　珍稀濒危物种资源资产核算体系

4.3.1　理论基础

4.3.1.1　野生动植物资源价值评估方法

野生动植物是人类社会发展的宝贵资源，也是地球生物多样性的重要组成部分，不仅在维护整个生态系统的稳定及其生态系统服务方面具有重要功能，更是生态系统健康发展的标志（吴小巧等，2004；Scheffers et al.，2012；魏辅文等，2014）。然而，由于全球人口爆炸性增长、环境变化和过度利用，物种丧失乃至濒临灭绝已是不争的事实。物种丧失将导致生态系统结构改变和生态功能退化，进而影响生态安全和资源安全，严重威胁人类的福祉（Hooper et al.，2012，Steudel et al.，2012）。

野生动植物资源是人类社会发展的重要物质资源，人类的物质生活和精神生活都离不开野生动植物。为了实现野生动植物资源的可持续发展，全面系统强化资源管理已成为国家野生动植物资源保护管理的重要内容之一，但就目前的管理实践来看，我国长期存在着野生动植物资源保护、资源培育与资源利用量之间关系不明确和野生动物资源价值难以科学评估等问题，已经严重影响到整个野生动植物保护事业（陈文汇，2013）。从以上问题着手，动态评估出野生动物资源所体现的价值，才能够对野生动物资源的存量、结构和潜能进行准确评估与核算，同时为自然资源资产负债表及领导干部离任审计工作服务。目前针对野生动物资源价值评估的主要方法有 3 种，即直接市场法、间接市场法和条件价值法。

1. 直接市场法

直接市场法是直接利用市场价格或者参考相似的产品或者服务的价格的方法（何德炬和方金武，2008）。用直接市场法进行的评估比较客观，但是，采用直接市场法，不仅需要足够的实物量数据，而且需要足够的市场价格或影子价格数据。在珍稀濒危动植物价值评估中，相当一部分或根本没有相应的市场，因而也就没有市场价格，因此很难应用。

直接市场法在评估动植物资源价值时，使用的是市场价格，但是如果在拥有的市场信息不完全和不对称、在市场效率较低的环境下，市场价格并不能反映资源真实价值，此外直接市场法在使用过程中，并没有把动植物资源的种群数量随时间的变化关系考虑在内。

2. 间接市场法

间接市场法是利用替代市场评估动植物资源的价值，主要方法包括旅行费用法、狩猎价值法和保护性支出法。

旅行费用法（travel cost method）是目前国外最流行的游憩价值评估方法，也是评估野生动物资源游憩价值的一种重要方法（林英华和李迪强，2000）。我国学者主要利用旅行费用法评估两方面的价值，分别是人们对旅游景点的效益评估和人们对娱乐品的效益评估，评估指标主要是旅行费用（施德群和张玉钧，2010），在野生动物资源价值评估方面，评估的是野生动物资源的娱乐观光价值（李京梅和刘铁鹰，2010）。

狩猎价值法（hunting cost method）也是国外常用的一种野生动物定价方法。野生动物战利品狩猎者追求的是野生动物的期望价值。野生动物作为肉类、皮张或兽角的价值只能与家养动物的肉类、皮张或兽角相类比，而野生动物狩猎战利品的期望价值远远高于其作为肉食的价值。猎手狩猎野生动物付出的费用与野生动物的稀有程度有关。随着野生动物产品数量的上升，其边际效用是递减的。此外，野生动物可接近性和可获得性也是影响野生动物狩猎战利品的重要因素。一些动物数量稀少，在野外又难以接近，如盘羊（Ovis ammon），所以，这类动物的狩猎战利品的价格高。另一类野生动物，数量并不少，但在野外难以接近，如藏羚羊（Pantholops hodgsonii），这类动物的狩猎战利品的价格也高（蒋志刚，2001）。

保护性支出法是指在无市场价格的情况下，动植物资源使用的成本可以用保护管理费的投入进行替代后计算。例如，鲁春霞等（2011）选取西藏自治区羌塘地区为研究区域，以藏羚羊为研究对象，通过了解政府为保护藏羚羊投入的保护管理费用，即采用保护性支出法计算藏羚羊的价值。龙娟等（2011）采用保护性支出法评估了北京市湿地珍稀鸟类价值。其中，珍稀鸟类价格的确定依照《陆生野生动物资源保护管理费收费办法》，规定国家 I 级保护鸟类的市场价格为其管理费的 12.5 倍，国家 II 级及北京 I 级、II 级野生保护鸟类价格为其管理费的 16.7 倍；并根据 1996 ~ 2007 年北京市 GDP 增长率 5.57 倍，推算出各等级野生鸟类的价格。价值评估结果显示北京湿地珍稀鸟类总价值为 73 990 万元。

间接市场法在评估野生动植物资源价值使用时，不论是旅行费用法还是保护性支出法，考虑的都是野生动植物资源的过去而忽略了未来可能带来的收益；旅行费用法在评估野生动植物资源价值时，从现有对其使用的过程来看，不能体现出野生动物资源数量变化，以及时间变化对旅行费用的影响。

3. 条件价值法

条件价值法（contingent valuation method，CVM）在评估野生动物资源的游憩、生态、存在价值中得到了广泛的应用（宗雪等，2008；崔明明等，2014；Pushpam，2015），但在使用的过程中会存在夸大偏差。我国学者周学红等（2007）在使用过程中改进了意愿调查法，采取支付卡式和二分式两种调查方式进行调查，调查对象为哈尔滨市居民，调查内容为保护我国东北虎愿意支付的费用，对两种调查结果进行比较与分析，找出差距，从而确定哈尔滨市居民真实的支付意愿。陈琳等（2006）对条件价值法在非市场价值评估中的应用进行了初步探讨，提出在使用 CVM 评估时针对具体的研究对象和研究目的要选择关联较大的调查人群，排除规模偏差对结果的影响；此外，采取评价结果与调查人群社会、经济特征对比的方式进行综合分析，避免经济因素的主导作用。CVM 存在的局限性所导致的各种偏差是国内外学者对其结果持有怀疑态度的主要原因，要提高其结果的可靠性和可信度、设计问卷、统计分析数据及结果检验这三个问题仍是 CVM 进一步发展面临的难题。

条件价值法在评估野生动植物资源价值时，既没有考虑到野生动植物资源数量变化对支付意愿的影响，也没有考虑到时间变化对支付意愿的影响。

虽然以上三类价值评估方法在评估野生动植物资源价值方面都比较成熟，但是在评估方法的使用过程中还存在缺陷。野生动植物资源价值是目前国内外野生动植物资源管理研究中的一个热点问题，也是最复杂的问题之一。虽然国内外已有一定的著述，但从现有的文献资料来看，前人的研究中尚存在以下几点不足。

（1）研究的系统性和交叉性不足

当前，对野生动物资源价值核算的研究，要么从野生动物管理学的角度对野生动物资源的价值做定性的评价；要么从经济学的角度简单地计算单个物种的某种价值，如经济价值或者生态价值；要么对单个或多个计量方法的应用进行研究。因此，当前的研究缺乏系统性和交叉性。所以，野生动物资源价值研究急需从资源经济学、计量经济学、野生动物管理学、统计学等多学科角度对野生动物的价值核算开展综合性、系统性的交叉研究。

（2）研究深度不足

当前，国内对野生动物资源价值的研究多数是定性研究，还仅仅是野生动物价值的描述。在定量研究方面，多数研究还属于数据的汇聚、简单的计算，缺乏深入的方法体系的研究和具体的计算公式设计。因此，在下一步研究过程中，野生动植物资源价值计量研究需要采取抽样调查和专家调查相结合的研究方法，深入分析野生动物资源的价值构成分类、价值计量方法体系、计量指标体系和指标计算公式的设计。

（3）针对珍稀濒危动植物价值核算研究极为匮乏

目前，国内对于针对珍稀濒危动植物价值核算研究极为匮乏，缺乏对如下一些研究命题开展有针对性的研究，如珍稀濒危动植物资源价值构成分类研究、珍稀濒危动植物资源价值核算方法体系研究、珍稀濒危动植物资源价值核算指标体系及指标计算研究、单个物种价值核算的案例研究等方面。因此，在下一步研究过程中，有针对性的研究将有助于填补在野生动物资源价值核算方面的一些研究空白。

4.3.1.2　野生动物资源价值评估案例研究

国外关于野生动物资源价值评估的研究历史比较悠久。由于早期人们更加重视的是野生动物的狩猎活动，所以研究主要集中在野生动物资源的狩猎价值的评价方面，如 John（1985）、Dennis 和 Louis（1986）对爱达荷州的盘羊、山羊、驼鹿和羚羊的狩猎经济价值进行了计量。

随着野生动物资源数量的减少，经济的发展和人们生活水平的提高，野生动物的娱乐和美学价值逐渐显现出来，Kellert（1984）对私有土地持有者从野生动物管理中获得的美学价值、娱乐价值、生态学价值、使用价值、伦理价值等进行计量，鼓励他们保护野生动物的栖息地。Butler 等（1994）对加拿大安大略省皮利角国家公园（Point Pelee National Park）的观鸟经济价值进行了计算评估。Peterson 和 Cindy（1992）对美国阿拉斯加州的野生动物资源进行经济价值评估时，将野生动物资源的经济价值分为两大部分，即动物产品价值和野生动物的娱乐价值（包括与野生动物相关的狩猎、垂钓、观光、游览、娱乐、休闲、美学和文化等方面），并对这两个方面的价值以货币计量，得到计量结果。

随着野生动物保护被提上日程，野生动物的生态价值和存在价值也越来越为人们所重视，然而野生动物在生态系统中的作用常常被人们忽略，往往是在人们破坏生态系统后才明白生态的重要性。例如，海獭是加利福尼亚海岸生态系统的一员，为了获得海獭的皮张，人们曾一度几乎猎杀了所有的海獭，结果导致了加利福尼亚海岸生态系统的巨大变化。原来，海獭主要捕食海星，海星采食海藻，海獭消失后，海星将海藻彻底破坏了（Heal，1999）。因此，野生动物的生态价值核算不但能提高人们对野生动物的保护意识，而且能够为野生动物的管理提供重要的理论依据。野生动物存在价值的评估目前是备受争议的，一些学者认为野生动物的存在价值是无法用货币计量的，而一些学者认为可以使用意愿调查法进行计量，所以对于野生动物存在价值的计量目前大多采用意愿调查法。

国内关于野生动物资源价值评估的研究始于 20 世纪 60 年代，很多野生动物资源的工作者和生态学者做了相关的理论研究和案例研究。刘玉政和曹玉昆

（1992）对野生鸟类进行了经济效益计量，认为野生鸟类效益的经济评估，就是以货币为单位，对其生态效益进行计量。马建章和晁连成（1995）对野生动物物种价值的评价标准进行了初步研究，认为物种的价值有两个方面，一是物种自身的价值；二是物种对人的价值。物种自身的价值标志着物种与环境、物种与物种之间的需求和满足关系，要用 5 个评价指标去衡量，即营养级标准、自然生产力标准、稀有程度、进化程度和自然历史标准。林英华和李迪强（2000）研究了旅行费用法经济学基础、类型、分析步骤、分析方法及其在野生动物价值评估中的具体计算实例。高智晟（2005）以价值理论、价格理论及可持续发展理论为基础，对野生动物资源的价值构成与价值计量进行了研究，并采用意愿调查法对部分鹿类动物的价值进行了评估。

单个物种的价值核算也是目前的一个研究重点，如高智晟和马建章（2004）论述了鹿类的生态价值的正、负两个方面及影响鹿类生态价值发挥的因素，并认为人类价值观的转变将是决定生态价值作用及鹿类保护的关键因素。黄晨等（2006）分别使用旅行费用法和条件价值法对扎龙国家级自然保护区鹤类娱乐观赏和文化价值进行了核算。

陈琳等（2006）运用 CVM 中支付卡式和二分式两种问卷格式，对北京市居民保护濒危野生动物的支付意愿进行了研究。支付卡式问卷和双边界二分式的有效问卷分别为 350 份和 250 份。支付卡式问卷调查分析得到平均支付意愿为 13.19 元 /（户·月），二分式问卷的调查结果为 18.199 元 /（户·月）。由支付卡式问卷结果得到北京市居民 20 年总支付意愿为 41.63 亿元；二分式问卷则为 184.17 亿元，后者是前者的 4.4 倍。支付卡式问卷结果的主要影响因素是户均月收入和文化程度；二分式问卷结果的主导因子是户均月收入。考虑到二分式问卷比支付卡式问卷更能够逼近样本的真实意愿，认为将二分式问卷的研究结果作为北京市居民对我国野生动物的总经济价值的评估更为适合。

肖建红等（2009）运用 CVM，基于三峡工程对珍稀濒危生物影响的现状和采取的保护措施，设计了支付卡式调查问卷。通过调查我国 31 个省（自治区、直辖市）以国有单位为主的职工的支付意愿，评估了保护三峡工程影响的珍稀濒危生物的经济价值。回收有效问卷 1036 份，有 70.08% 的有效问卷反馈者愿意为保护三峡工程影响的这些珍稀濒危生物支付费用，平均支付意愿值为 127.82 元 /a。同时采用列联表及卡方独立性检验方法重点分析了总样本各因素对支付意愿值的影响，结果显示，年龄、文化程度、从事职业、个人收入、对三峡工程的了解、对三峡工程的关注、对三峡工程对生物影响的了解等因素与支付意愿值显著相关。最后计算得出保护三峡工程影响的这些珍稀濒危生物的经济价值为 82.19 亿元 /a。

4.3.2　核算指标

珍稀濒危动植物资源的资产价值包括实物量（产品）价值和生态系统服务价值。

珍稀濒危植物系统服务价值主要体现在以下几个方面：食用价值、药用价值、原材料价值、观赏价值、生态价值、科研教育价值、文化外交价值。珍稀濒危动物价值主要体现在以下几个方面：食用价值、药用价值、皮毛价值、观赏价值、生态价值、科研教育价值、文化外交价值。

由于珍稀濒危物种生态系统服务功能价值核算较为复杂，目前鲜有较为成熟的核算方法，作者也尚未构建出针对珍稀濒危物种不同服务价值类型的核算方法。本研究仅针对珍稀濒危动物资源实物量（产品）价值进行核算方法的介绍。

4.3.3　核算模型

珍稀濒危物种资源价值核算模型构建思路为：首先，构建珍稀濒危物种资源质量评价体系，对珍稀濒危物种的质量进行评分；其次，研究分析珍稀濒危物种价值核算相关研究进展，选择较为合理的价值核算技术方法；再次，将珍稀濒危物种资源质量与价格关系作为核算模型构建的关键，将资源质量有效地反映到资源价值量中，并结合负债表评价指标中的关键指标——物种种类和数量，从而构建核算模型。

4.3.3.1　珍稀濒危物种质量评价体系

1. 评价指标

珍稀濒危物种的评价指标体系是指对物种稀有和受威胁的程度进行系统的评价。本研究在总结许多学者提出的不同评价指标体系的基础上构建珍稀濒危物种质量评价体系。通过计算珍稀濒危物种"质量分"来反映其质量情况。质量分由濒危程度、遗传状况、生长繁殖和物种价值四部分构成。具体体系构建见图 4-4。

（1）濒危程度

濒危程度主要反映物种在自然状态下生存受到威胁程度的大小。该项指标主要考虑两个二级指标，即名录濒危值和分布省区。

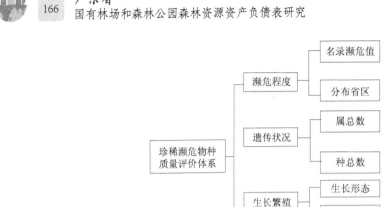

图 4-4 珍稀濒危物种质量评价体系

名录濒危值表示珍稀濒危物种的濒危总体情况。植物名录濒危值依据珍稀濒危物种在《IUCN 红色名录》、《濒危野生动植物种国际贸易公约》（CITES）附录及《国家重点保护野生动植物名录》中的濒危程度计算。动物名录濒危值依据珍稀濒危动物在《IUCN 红色名录》、《濒危野生动植物种国际贸易公约》（CITES）附录、《国家重点保护野生动植物名录》、《"三有"保护动物名录》及《广东省重点保护陆生野生动物名录（第一批）》中的濒危程度计算，如公式（4-39）、公式（4-40）所示。

$$C_{植物}=C_{IUCN}+C_{CITES}+C_{国家} \tag{4-39}$$

$$C_{动物}=C_{IUCN}+C_{CITES}+C_{国家}+C_{三有}+C_{广东} \tag{4-40}$$

式中，$C_{植物}$ 和 $C_{动物}$ 分别表示植物和动物的濒危程度得分；C_{IUCN}、C_{CITES}、$C_{国家}$、$C_{三有}$、$C_{广东}$ 分别表示物种在《IUCN 红色名录》、《濒危野生动植物种国际贸易公约》（CITES）附录、《国家重点保护野生动植物名录》、《"三有"保护动物名录》及《广东省重点保护陆生野生动物名录（第一批)》中的濒危程度得分。

赋值标准如下。

《IUCN 红色名录》濒危物种级别赋分标准中 CR（极危）=4 分、EN（濒危）=3 分、VU（易危）=2 分、NT（接近受危）=1 分；CITES 附录濒危物种赋分标准中 CITES 附录 I =3 分、CITES 附录 II =2 分、CITES 附录 III =1 分；国家重点保护野生物种赋分标准中国家 I 级 =3 分、国家 II 级 =2 分 [1993 年 4 月 14 日，林业部发出通知，决定将《濒危野生动植物种国际贸易公约》（CITES）附录 I

和附录Ⅱ所列非原产中国的所有野生动物分别核准为国家Ⅰ级和国家Ⅱ级保护野生动物）]；《"三有"保护动物名录》赋分标准为 2 分；《广东省重点保护陆生野生动物名录（第一批）》赋分标准为 2 分。

分布省区的变化是一个物种绝灭、扩张过程的直接反映（张文驹和陈家宽，2003）。人类活动干扰使得许多物种的分布区在迅速缩小，理论上说当一个物种的分布区缩小为零时，该物种就灭绝了（Channell and Lomolino，2000）。也就是说，某一物种分布的范围越狭窄，则该物种濒危度越高。该指标主要考虑濒危物种在我国国内分布的省区数及是否为省区特有种。

（2）遗传状况

遗传状况主要评价物种潜在遗传价值大小，用物种所在属、种数量多少表示，即潜在遗传价值大小。其中，属总数 G_i 为第 i 种所在科的总属数；种总数 S_i 为第 i 种所在属的总种数。

一个物种所在科只有一个属，属的损失也就意味着整个科的损失。对于一科寡属的植物，每一个属的损失在整个科的损失中都占有很大的比重。单种单属的物种，种的濒危不仅是植物有机体的生存受到威胁，还意味着属乃至整个科的濒危（刘凤丽，2013）。从分类学地位上来说，G_i、S_i 越小，物种的濒危度越高（马建伟等，2009）。

（3）生长繁殖

物种的生长形态、生长周期和繁殖方式是影响物种存续的重要因素。

生长形态不同，植物的生存环境也会不同。不考虑因人类大量砍伐森林而造成物种生存环境受到威胁的因素（物种价值中考虑），一般来说，高大乔木的生存环境受到威胁程度最小。其次为小乔木，接下来依次为灌木藤本、多年生草本，一年生草本受到的威胁程度最大。动物的生长形态各不相同，这里以体长为评价指标，体长越长，物种面临威胁的程度相对越小。

生长周期不同，植物成熟年龄也就有所不同，造成植物繁殖难易程度不同。高大乔木生长周期长，为多年生，生长缓慢，开花结实所需的时间较长，繁殖比较困难。一年生草本生长周期短，当年就能开花结实，因此比较容易繁殖。动物的生长周期一般较长，性成熟年龄少则几个月，多则几年，性成熟年龄越长，繁殖的间隔越久，物种面临威胁的程度相对越大。

繁殖方式上，植物可以利用孢子和种子来繁殖后代，又可以称为有性繁殖。大部分的植物还可以进行无性繁殖，如嫁接、扦插、压条等。随着科学技术的不断发展，现在组织培养也成了植物繁殖的另外一种重要的方法。对珍稀濒危植物来说，最重要的繁殖是利用自身的繁殖特性能够天然繁殖。因此，在评价物种的繁殖属性时，认为一个物种的繁殖方式越多，物种越不容易濒危。动物的繁殖方式则主要有卵生和胎生两种。卵生是指动物受精卵在母体外独立进行发育的生殖方式。卵生在动物界很普遍，昆虫、鸟、绝大多数爬行动物都是卵生的。胎生是指动物受精卵在母体子宫内进行发育的生殖方式。胎生动物的胚胎通过胎盘从母体获得营养，直至出生时为止。绝大多数哺乳动物都是胎生的。一般来说，物种的繁殖能力越大，该物种面临威胁的程度就越小。

（4）物种价值

物种价值主要体现在 4 个方面：科研价值、生态价值、经济价值、观赏价值。

其中，珍稀濒危物种的科研价值主要体现在物种本身所具有的各种生物学信息上。从理论上讲，每一个物种都代表了生物进化树上的一个位点，一些特殊的物种更是代表了一些生物类群。有些物种具有明显的科研价值，而有些物种具有潜在的科研价值，对一些潜在信息的深入研究可能对人类社会的进步产生巨大的推动作用。

生态价值是指濒危物种对于生态环境的改善作用。不同的植物物种构成了一定的植物群落，植物群落在保护流域、缓冲洪水和干旱对生态系统的冲击方面都有重要作用。此外，植物群落在调节局部区域、地区及全球气候方面也很重要。许多珍稀濒危物种在群落中作为建群种或优势种，还有一些在特殊环境中生存的植物构成群落的先锋树种。例如，梭梭（*Haloxylon ammodendron*）既能耐旱，耐寒，抗盐碱，防风固沙，遏制土地沙化，改良土壤，恢复植被，又能使周边沙化草原得到保护，在维护生态平衡上起着不可比拟的作用，且为名贵药材肉苁蓉（*Cistanche deserticola*）的寄主植物。

濒危动植物的食用、药用功能及动物的制皮价值都具有潜在的经济价值。例如，内蒙古分布的沙狐（*Vulpes corsac*）、草兔（*Lepus capensis*）的皮毛可作为制裘原料皮，具有很高的价值。但沙狐、草兔作为珍稀濒危物种，对其猎捕是违法的。蟒（*Python molurus*）除蟒皮可作为二胡、手鼓等民族乐器制作必不可少的原料外，其药用价值也是不可估量的。土沉香（*Aquilaria sinensis*）是中国、日本、印度及其他东南亚国家的传统名贵药材和名贵的天然香料，有镇静、止痛、收敛、祛风的功效，上等沉香历来以斤两论值。

植物的人文价值主要在于植物的观赏价值，许多珍稀树木树冠庞大、树干造型奇特、花果色泽艳丽、叶形多种多样，令人赏心悦目。又如，建兰、墨兰等多数兰科植物具有很高的观赏价值，它们没有醒目的艳态，没有硕大的花、叶，却具有质朴文静、淡雅高洁的气质，具有非常高的观赏价值。动物中鸟类如蓑羽鹤（*Anthropoides virgo*）、白腹鹞（*Circus spilonotus*）、隼类等外表华丽，羽色鲜艳，体态优美，活泼好动，令人赏心悦目。画眉（*Garrulax canorus*）和红嘴相思鸟（*Leiothrix lutea*）羽色艳丽、鸣声婉转动听，是世界各地著名的笼养观赏鸟之一。

2. 指标权重

将构建好的评价体系输入 AHP 层次分析法软件进行权重确定。主要通过建立"层次结构模型"，从而生成指标间两两比较的"判断矩阵"。输入成对比较的结果，在满足一致性检验原则的前提下，确定目标层下各因素的判断矩阵，并生成权重结果（表 4-19）。

表 4-19　权重结果

一级指标（权重）	二级指标	权重	赋分
濒危程度（0.3933）	名录濒危值	0.2950	30
	分布省区	0.0983	9
遗传状况（0.2338）	属总数	0.1169	12
	种总数	0.1169	12
生长繁殖（0.2338）	生长形态	0.0779	8
	生长周期	0.0779	8
	繁殖方式	0.0779	8
物种价值（0.1390）	科研价值	0.0444	4
	生态价值	0.0544	5
	经济价值	0.0201	2
	观赏价值	0.0201	2

3. 评价标准

根据权重分配，确定了体系指标的评价标准及分值。总分为 100 分，根据权重赋予各指标不同评价标准及分值。详见表 4-20。

表 4-20　指标评价标准及分值

指标	评价标准
名录濒危值[1]	C 名录濒危 $\in$ [7,14]，特危级别（30 分）；C 名录濒危 $\in$ [5,6]，高危级别（20 分）；C 名录濒危 $\in$ [3,4]，中危级别（10 分）；C 名录濒危 $\in$ [1,2]，低危级别（5 分）
分布省区	广东省特有，濒危风险极高（9 分）；2～5 个省分布，濒危风险高（6 分）；6～10 个省分布，濒危风险中等（3 分）；10 个以上省分布，濒危风险低（1 分）
遗传状况[2]	$G_i \times S_i \in$ [1,100]，濒危风险极高（24 分）；$G_i \times S_i \in$ [101,1000]，濒危风险高（18 分）；$G_i \times S_i \in$ [1001,10 000]，濒危风险中等（12 分）；$G_i \times S_i \geqslant$ 10 000 以上，濒危风险低（6 分）
生长形态	植物：草本，受威胁程度最高（8 分）；藤本，受威胁程度高（5 分）；灌木，受威胁程度中等（3 分）；乔木，受威胁程度低（1 分） 动物：平均体长小于 10cm，受威胁程度最高（8 分）；平均体长 10～50cm，受威胁程度高（5 分）；平均体长 51～100cm，受威胁程度中等（3 分）；平均体长大于 100cm，受威胁程度低（1 分）
生长周期	植物：一年生植物，生长繁殖周期短，受威胁程度低（1 分）；两年生植物，生长繁殖周期中等，受威胁程度中等（5 分）；多年生植物，生长繁殖周期长，受威胁程度高（8 分） 动物：6 个月内性成熟，繁殖周期短，受威胁程度低（1 分）；6～12 个月内性成熟，繁殖周期中等，受威胁程度中等（3 分）；12～36 个月内性成熟，繁殖周期长，受威胁程度高（5 分）；大于 36 个月性成熟，繁殖周期超长，受威胁程度极高（8 分）

续表

指标	评价标准
繁殖方式	植物：1 种繁殖方式，濒危风险高（8 分）；2 种繁殖方式，濒危风险中等（5 分）；3 种繁殖方式，濒危风险低（3 分）；3 种以上繁殖方式，濒危风险极低（1 分） 动物：卵生，平均每窝 10 枚以上，濒危风险低（1 分）；卵生，平均每窝 10 枚及以下，濒危风险中等（3 分）；胎生，每胎 2～4，濒危风险高（5 分）；胎生，每胎 1，濒危风险极高（8 分）
科研价值	具有一定的科研价值（4 分）；无明显科研价值（0 分）
生态价值	具有一定的生态价值（5 分）；无明显生态价值（0 分）
经济价值	具有一定的经济价值（2 分）；无明显经济价值（0 分）
观赏价值	具有一定的观赏价值（2 分）；无明显观赏价值（0 分）

1. 植物名录濒危值依据珍稀濒危物种在《IUCN 红色名录》、《濒危野生动植物种国际贸易公约》（CITES）附录及《国家重点保护野生动植物名录》中的濒危程度计算；动物名录濒危值依据珍稀濒危动物在《IUCN 红色名录》、《濒危野生动植物种国际贸易公约》（CITES）附录、《国家重点保护野生动植物名录》、《"三有"保护动物名录》及《广东省重点保护陆生野生动物名录（第一批）》中的濒危程度计算。计算公式如公式（4-39）和公式（4-40）所示。

赋值标准如下：① IUCN 濒危物种级别赋分标准：CR（极危）=4 分；EN（濒危）=3 分；VU（易危）=2 分；NT（接近受危）=1 分。② CITES 附录濒危物种赋分标准：CITES 附录 I=3 分；CITES 附录 II=2 分；CITES 附录 III=1 分。③国家重点保护野生物种赋分标准：国家 I 级=3 分；国家 II 级=2 分。④《"三有"保护动物名录》赋分标准：2 分。⑤《广东省重点保护陆生野生动物名录（第一批）》赋分标准：2 分。

2. 该指标主要评价物种潜在遗传价值大小，用物种所在属、种数量多少表示。①属总数 G_i：第 i 种所在科的总属数；②种总数 S_i：第 i 种所在属的总种数

某一珍稀濒危物种通过 11 个二级指标的评价，其得分总和（即 4 个一级指标的得分总和）便是最终的评价得分。满分为 100 分。

4.3.3.2 珍稀濒危物种定价依据

（1）《陆生野生动物资源保护管理费收费办法》（林护字 [1992]72 号）和《捕捉、猎捕国家重点保护野生动物资源保护管理费收费标准》

《陆生野生动物资源保护管理费收费办法》（林护字 [1992]72 号）和《捕捉、猎捕国家重点保护野生动物资源保护管理费收费标准》于 1992 年 12 月 19 日由林业部、财政部、国家物价局公布，自 1993 年 1 月 1 日起施行。该办法对陆生野生动物资源保护管理费收费制定了详细的收费细则，同时制定了国家级保护动物的收费标准。例如，穿山甲保护管理费收费标准为 100 元 / 只，小灵猫为 250 元 / 只，虎纹蛙为 50 元 / 只。

（2）《林业部关于在野生动物案件中如何确定国家重点保护野生动物及其产品价值标准的通知》（林策通字〔1996〕44 号）

1996 年，根据国务院批准由林业部、财政部、国家物价局发布的《陆生野生动物资源保护管理费收费办法》（林护字 [1992]72 号）和林业部、公安部《关于陆生野生动物刑事案件的管辖及其立案标准的规定》（林安字〔1994〕44 号）

的有关规定，林业部发布了《林业部关于在野生动物案件中如何确定国家重点保护野生动物及其产品价值标准的通知》（林策通字〔1996〕44 号）（以下简称《通知》）。《通知》中对野生动物案件中确定国家重点保护陆生野生动物或其产品的价值标准规定如下：国家 I 级保护陆生野生动物价值标准，按照该种动物资源保护管理费的 12.5 倍执行；国家 II 级保护陆生野生动物的价值标准，按照该种动物资源保护管理费的 16.7 倍执行。

（3）国家发展和改革委员会价格认证中心关于印发《野生动物及其产品（制品）价格认定规则》的通知（发改价证办 [2014]246 号）

2014 年 12 月，为进一步规范野生动物及其产品（制品）价格认定工作，解决野生动物及其产品（制品）价格认定工作中的实际问题，国家发展和改革委员会价格认证中心制定了《野生动物及其产品（制品）价格认定规则》。该规则自 2015 年 1 月 1 日起执行。其中第六条规定，《濒危野生动植物种国际贸易公约》附录 I 中非原产于我国的野生动物，比照与国家 I 级重点保护野生动物同一分类单元的野生动物进行价格认定。《濒危野生动植物种国际贸易公约》附录 II、III 中非原产于我国的野生动物，比照与国家 II 级重点保护野生动物同一分类单元的野生动物进行价格认定。

4.3.3.3　珍稀濒危物种核算公式

通过珍稀濒危物种质量评价体系即可对物种质量分（$C_{质}$）进行计算，并分别得出植物和动物的平均质量分 $C_{植均}$ 和 $C_{动均}$。了解评价区域珍稀濒危动植物资源保护年管理费，除以相应种类数，即得到每类濒危动植物的年平均管理保护费 $P_{均}$。在此基础上，根据国家野生动物价格认定规则标准等相关规定，采用价值倍数 M 对各类珍稀濒危物种的价格在年均管理保护费的基础上进行校订，采用价格调整系数 k 对珍稀濒危动物和珍稀濒危植物的价格差异进行校准。即可计算出单体濒危物种价值。公式如下。

（1）珍稀濒危植物价值

$$E_{植} = \sum_i k_{植} \frac{C_i}{\bar{C}} PM_i \tag{4-41}$$

式中，$E_{植}$ 为某种珍稀濒危植物的价值（元）；P 为珍稀濒危动植物投入的保护管理费均值（元），即某管理单位珍稀濒危动植物资源保护年管理费除以相应种类数；$k_{植}$ 为调整系数；$\bar{C}$ 为珍稀濒危植物的平均质量评价得分；C_i 为第 i 类珍稀濒危植物的质量评价得分；M_i 为第 i 类珍稀濒危植物的价格倍数。

（2）珍稀濒危动物价值

$$E_{动}=\sum_i k_{动} \frac{C_i}{\bar{C}} PM_i \qquad (4-42)$$

式中，$E_{动}$ 为某种珍稀濒危动物的价值（元）；P 为珍稀濒危动植物投入的保护管理费均值（元），即某管理单位珍稀濒危动植物资源保护年管理费除以相应种类数；$k_{动}$ 为调整系数；$\bar{C}$ 为珍稀濒危动物的平均质量评价得分；C_i 为第 i 类珍稀濒危动物的质量评价得分；M_i 为第 i 类珍稀濒危动物的价格倍数。

4.3.4　核算参数

4.3.4.1　价值倍数

根据上述珍稀濒危物种定价依据中对陆生野生动物价值标准的确定，本研究通过珍稀濒危动植物资源保护管理费与不同濒危程度级别物种的价值倍数之积得到各物种的市场价格。表 4-21 为参照相关规定，当计算其市场价格时在管理保护费基础上设定的价格倍数。某一物种存在多个名录中的情况下以国家保护级别为参照标准进行价格倍数的确定，其次为 IUCN，再次为 CITES 附录。

表 4-21　珍稀濒危物种在其管理费基础计算时价格倍数设定

价格倍数[1]	国家保护级别[2]	IUCN[3]	CITES 附录[4]	其他[5]
12.5	Ⅰ级	CR&EN	CITES 附录 Ⅰ	—
16.7	Ⅱ级	VU&NT	CITES 附录 Ⅱ&Ⅲ	"三有"保护名录/地方名录

1. 某一物种存在多个名录中的情况下以国家保护级别为参照标准进行价格倍数的确定，其次为 IUCN，再次为 CITES 附录；
2. 见于《国家重点保护野生动植物名录》；
3. 见于《IUCN 红色名录》；
4. 见于《濒危野生动植物种国际贸易公约》（CITES）附录；
5. 见于《"三有"保护动物名录》及《广东省重点保护陆生野生动物名录》

4.3.4.2　价格调整系数

参照野生动植物进出口管理费收费标准中动植物出口管理费比例设置 $k_{植}$：$k_{动}=1$ ∶ 5，即 =$k_{植}1/6$，$k_{动}=5/6$。

第 5 章

数据采集方案研究

5.1 总体思路

根据广东省国有林场和森林公园森林资源资产负债表体系，明确广东省国有林场和森林公园森林资源资产数据采集指标，并制定相应的采集方案。所需采集的指标如表 5-1 所示。

表 5-1 拟采集信息项目

序号	类别	指标
1	国有林场森林资源存量指标	林种；地类（有林地）；优势树种蓄积量；竹林密度；红树林生物量；古树名木株数
		湿地资源（河流湿地、湖泊湿地、沼泽湿地、人工湿地）面积
		珍稀濒危动物种类；珍稀濒危植物种类
2	国有林场森林资源质量指标	森林覆盖率；林分郁闭度；单位面积林分蓄积量；单位面积林分生物量；林分平均高；林分平均胸径；生态功能等级Ⅰ、Ⅱ类林面积占比；森林景观等级Ⅰ、Ⅱ、Ⅲ类林面积占比；生物多样性指数（香农 - 维纳指数）
		病虫害、森林火灾受灾等级与面积；土壤石漠化、沙化、侵蚀等级与面积
3	国有林场森林资源价值核算指标	出材率；古树名木价值认定系数；古树名木养护管理的客观投入；林分土壤非毛管孔隙度；林分土壤层厚度；枯枝落叶层蓄水量；林分土壤容重；林地与无林地土壤侵蚀模数；林分土壤平均含氮、含磷、含钾、有机质含量；林分年净生产力；单位面积林分土壤年固碳量；单位林分面积吸收的热量；林分负离子浓度；单位面积林分年二氧化硫、氮氧化物、氟化物、扬尘的吸收量
		单位面积红树林凋落物量；水资源量（地表水调蓄总量）；水力发电量；水环境容量（COD、NH_3-N）；红树林湿地单位面积吸收的热量；平均水面蒸发吸收热量；单位面积红树林年污染物吸收量；单位面积水域降低粉尘数量；红树林负离子浓度；湿地年净生产力；湿地土壤的年均固碳量
		珍稀濒危物种质量评价得分；珍稀濒危动物投入的保护管理费；珍稀濒危植物投入的保护管理费
4	森林公园森林资源存量指标	生态公益林、商品林面积；乔木林、竹林、红树林、灌木林地、疏林地面积；优势树种蓄积量；古树名木株数
		湿地资源（河流湿地、湖泊湿地、沼泽湿地、人工湿地）面积
		珍稀濒危动植物种类
5	森林公园森林资源质量指标	森林覆盖率评分、森林群落评分、林相质量评分
		生物景观质量评分；地文景观质量评分；水文景观质量评分；天象景观质量评分
		地表水环境质量评分；声环境质量评分；土壤环境质量评分；空气环境质量评分；空气负离子浓度
		病虫害、森林火灾等级；病虫害、森林火灾受灾面积
6	森林公园价值核算指标	森林公园年提供就业岗位数，年旅游总人数，游客人均停留天数

根据采集数据来源和获取方式的差别，将要采集的指标或参数分成四类（A、B、C、D 类）开展数据采集工作。

5.1.1 第一类：资料收集类（A类）

该类指标是通过搜集整理现有资料即可获取的数据。由于通过资料收集的数据往往准确性和时效性都不够，一般需要配合现场调查、市场调查等其他数据采集方法才能获得较为科学准确的数据。此类待收集汇编数据具体见表5-2。

表5-2 拟采集资料收集类指标

序号	指标
A1	林种
A2	地类（有林地面积）
A3	优势树种蓄积量（乔木林蓄积量）
A4	古树名木株数
A5	森林覆盖率
A6	林分郁闭度
A7	林分平均高、平均胸径
A8	单位面积林分蓄积量
A9	单位面积林分生物量
A10	生态功能等级Ⅰ、Ⅱ类林面积占比
A11	森林景观等级Ⅰ、Ⅱ、Ⅲ类林面积占比
A12	病虫害、森林火灾受灾等级与面积
A13	土壤石漠化、沙化、侵蚀等级与面积
A14	竹林密度
A15	出材率
A16	古树名木养护管理的客观投入
A17	珍稀濒危动物、植物投入的保护管理费
A18	湿地资源（河流湿地、湖泊湿地、沼泽湿地、人工湿地）面积
A19	年水力发电量
A20	年提供就业岗位数
A21	年旅游总人数
A22	游客人均停留天数
A23	主要其他林产品年产量
A24	林分年净生产力
A25	红树林生物量
A26	红树林湿地年净生产力
A27	平均水面蒸发吸收热量

5.1.2　第二类：现场调查类（B类）

　　该类指标指的是需开展现场调查并在调查现场即可得到数据结果的一类指标，该类指标的数据采集需花费一定的时间和人力、物力开展调研，但调研工作对调查人员的专业技术要求不太高（表 5-3）。

表 5-3　拟采集现场调查类指标

序号	指标
B1	古树名木价值认定系数
B2	珍稀濒危动植物种类
B3	生物景观（动物、植物）质量评分
B4	地文景观（体量、特征）质量评分
B5	森林景观（森林覆盖率、森林群落、林相）质量评分
B6	水文景观（体量、特征）质量评分
B7	天象景观质量评分
B8	珍稀濒危物种质量评价得分

5.1.3　第三类：采样监测类（C类）

　　该类指标是指现场调查无法得到直接结果，需要进一步进行采样带回检测才能获取数据的指标（表 5-4）。由于涉及样本检测，对采样技术及检测设备等有一定要求，对调查人员的专业技术要求较 B 类指标更高。

表 5-4　拟采集采样监测类指标

序号	指标
C1	枯落物蓄水量
C2	林分土壤非毛管孔隙度，林分土壤层厚度，林分土壤容重
C3	林地与无林地土壤侵蚀模数
C4	林分土壤平均含氮、含磷、含钾、有机质含量
C5	林分负离子浓度（红树林负离子浓度）
C6	单位面积林分年二氧化硫、氮氧化物、氟化物、扬尘的吸收量（单位面积红树林年污染物吸收量）
C7	单位面积红树林凋落物量
C8	沼泽湿地年净生产力
C9	生物多样性指数
C10	水环境容量（COD、$NH_3\text{-}N$）
C11	单位面积水域降低粉尘数量
C12	水资源量（地表水调蓄总量）
C13	地表水环境质量评分
C14	空气环境质量评分
C15	土壤环境质量评分
C16	声环境质量评分

5.1.4　第四类：专项研究类（D 类）

该类指标数据是指难以直接通过现场调查和采样检测获取结果，而需要在检测数据基础上通过一定换算才能获取的一类指标（表 5-5）。涉及指标相对复杂且对专业知识技能要求最高，这类指标需开展专项研究才能对指标进行核算。

表 5-5　拟采集专项研究类指标

序号	指标
D1	单位面积林分土壤年均固碳量（单位湿地土壤的年均固碳量）
D2	单位林分面积吸收的热量（红树林湿地单位面积吸收的热量）

5.2　资料收集类（A 类）数据采集方案

5.2.1　A1 林种

将森林（林地）类别按主导功能的不同分为生态公益林和商品林两个类别。生态公益林包含以保护和改善人类生存环境、维持生态平衡、保存物种资源、科学实验、森林旅游、国土保安等需要为主要经营目的的有林地、疏林地、灌木林地和其他林地。商品林包含以生产木材、竹材、薪材、干鲜果品和其他工业原料等为主要经营目的的有林地、疏林地、灌木林地和其他林地。

5.2.1.1　指标技术标准与数据来源

指标技术标准遵循《广东省森林资源规划设计调查操作细则》（2016）第二章第二十条——林种的指标说明。

指标数据来源于《广东省森林资源规划设计调查操作细则》（2016）统计表，即森林资源统计表（一）——林种面积统计表（表 5-6）。

5.2.1.2　数据整理与填报

对照林种面积统计表，国有林场需收集经营单位的防护林、特殊用途林、用材林、薪炭林、经济林五大类林种的面积，并按生态公益林和商品林两类森林类别分别统计面积和填报数据。数据填报单位以公顷（hm^2）计。

对照林种面积统计表，森林公园需收集经营单位的生态公益林和商品林两类森林类别面积并填报数据。数据填报单位以公顷计。

表 5-6   林种面积统计表   （单位：hm²）

统计单位	地类	区划林种面积合计	生态公益林			商品林												
			生态公益林合计	特种用途林小计	防护林小计	商品林合计	用材林					经济林					
							用材林小计	短周期工业原料林	速生丰产林	一般用材林	薪炭林小计	经济林小计	果品林	食用原料林	林化工业原料林	药用林	其他经济林
1	2	3	4	5	6	7	8	9	10	11	12	13	14	15	16	17	18

5.2.1.3   数据收集频次

林种数据遵循森林资源二类调查间隔期为 10 年。在间隔期内根据领导干部离任等需要进行重新调查或补充调查。

5.2.2   A2 地类（有林地面积）

土地类型简称"地类"，依据土地的现实利用方式和森林植被覆盖特征进行划分。

5.2.2.1   指标技术标准与数据来源

指标技术标准遵循《广东省森林资源规划设计调查操作细则》（2016）第二章第十三条——地类的指标说明。

指标数据来源于《广东省森林资源规划设计调查操作细则》（2016）统计表，即森林资源统计表（一）——地类面积统计表（表 5-7）。

表 5-7   地类面积统计表

总面积（hm²）	林业用地（hm²）																	非林地（hm²）		森林覆盖率（%）
	林业用地合计	有林地				疏林地	灌木林地			未成林地			无林地	苗圃地	辅助生产林地	非林地合计	其中四旁面积	
		有林地小计	乔木林地	竹林	红树林		灌木林地小计	国家特别规定的灌木林地	其他灌木林地	未成林地小计	未成林造林地	封育未成林地					
1	2	3	4	5	6	7	8	9	10	11	12	13	14	15	16	17	18	19

5.2.2.2　数据整理与填报

对照地类面积统计表，国有林场需收集林场内有林地、灌木林地和疏林地的面积数据，其中有林地面积按乔木林、竹林和红树林分类进行数据搜集和填报。数据填报单位以公顷计。

对照地类面积统计表，森林公园需收集公园内乔木林、竹林和红树林的面积数据。数据填报单位以公顷计。

5.2.2.3　数据收集频次

数据遵循森林资源二类调查间隔期为 10 年。在间隔期内根据领导干部离任等需要进行重新调查或补充调查。

5.2.3　A3 优势树种蓄积量（乔木林蓄积量）

广东省森林资源规划设计调查中，在小班范围内，通过选择有代表性的地段布设角规绕测样地，调查主要树种林分平均树高、角规断面积，从而计算得到林分蓄积量数据。

5.2.3.1　指标技术标准与数据来源

指标技术标准遵循《广东省森林资源规划设计调查操作细则》（2016）第二章第二十一条——优势树种（组）与树种（组）、第五章第四十六条——蓄积量调查的相关说明。

指标数据来源于《广东省森林资源规划设计调查操作细则》（2016）统计表，即森林资源统计表（一）——森林、林木面积蓄积统计表（表 5-8）。

表 5-8　森林、林木面积蓄积统计表

统计单位	优势树种（组）	活立木总蓄积量（m³）	乔木林														疏林地		散生木蓄积量（m³）	四旁树	
			小计		幼龄林		中龄林		近熟林		成熟林		过熟林		经济林		面积（hm²）	蓄积（m³）		株数（万株）	蓄积量（m³）
			面积（hm²）	蓄积（m³）	面积（hm²）	蓄积（m³）	面积（hm²）	蓄积（m³）	面积（hm²）	蓄积（m³）	面积（hm²）	蓄积（m³）	面积（hm²）	蓄积（m³）	面积（hm²）	蓄积（m³）					
1	2	3	4	5	6	7	8	9	10	11	12	13	14	15	16	17	18	19	20	21	22

5.2.3.2　数据整理与填报

对照森林、林木面积蓄积统计表，国有林场需收集林场内杉、松、其他针叶树、桉、速生相思、其他阔叶树和针阔混交林的蓄积量数据，数据填报单位以立方米计。

对照森林、林木面积蓄积统计表，森林公园需收集公园内乔木林、疏林地、四旁树的蓄积量数据。数据填报单位以立方米计。

5.2.3.3　数据收集频次

数据遵循森林资源二类调查间隔期为 10 年。在间隔期内根据领导干部离任等需要进行重新调查或补充调查。

5.2.4　A4 古树名木株数

根据我国有关部门规定，一般树龄在百年以上的大树即为古树；而那些树种稀有、名贵或具有历史价值、纪念意义的树木则可称为名木。古树名木包含在名胜古迹和革命纪念林，广东省森林景观等级评定标准中也对不同年份的古树进行了调查。

5.2.4.1　指标技术标准与数据来源

指标技术标准遵循《广东省森林资源规划设计调查操作细则》（2016）第二章第二十条——林种、第二章第二十四条——森林生态状况的有关说明。

指标数据来源于《广东省森林资源规划设计调查操作细则》（2016）森林景观等级评定标准表（表 5-9）。

表 5-9　森林景观等级评定标准表

评定因子 ＼ 类型	I	II	III	IV
林分类型	植物群落结构很复杂，森林植被以原始林或原始次生林为主	植物群落结构复杂，如常绿阔叶次生林、阔叶混交林等	植物群落结构较复杂，为混交林，如针叶混交林、针阔混交林、竹木混交林等	植物群落结构简单，林相单一，为纯林，如杉林、松林、桉林等
层次	3 层以上	3 层	2 层	1 层
古树	有 500 年以上古树	有 300～500 年古树	有 100～300 年古树	100 年以下树木
色彩	四季色彩绚丽缤纷，各具特色	林相和季相色彩较为丰富	林相和季相有一定的变化	色叶树种少，季相色彩单调

5.2.4.2　数据整理与填报

在森林景观等级评定数据的基础上，辅以现场调查，收集国有林场内树龄 500 年以上、树龄 300～500 年、树龄 100～300 年的古树株数和名木株数，数据填报单位以株计。

5.2.4.3 数据收集频次

数据遵循森林资源二类调查间隔期为 10 年。在间隔期内根据领导干部离任等需要进行重新调查或补充调查。

5.2.5 A5 森林覆盖率

森林覆盖率是指有林地和国家特别规定灌木林地面积占土地总面积的比。

5.2.5.1 指标技术标准与数据来源

指标技术标准遵循《广东省森林资源规划设计调查操作细则》（2016）第二章第二十九条——森林覆盖率与林木绿化率的有关说明。

指标数据来源于《广东省森林资源规划设计调查操作细则》（2016）统计表，即森林资源统计表（一）——地类面积统计表（表 5-7）。

5.2.5.2 数据整理与填报

对照地类面积统计表，国有林场和森林公园需收集经验单位的森林覆盖率数据，数据填报单位以 % 计。

5.2.5.3 数据收集频次

数据遵循森林资源二类调查间隔期为 10 年。在间隔期内根据领导干部离任等需要进行重新调查或补充调查。

5.2.6 A6 林分郁闭度

郁闭度是指森林中乔木树冠在阳光直射下在地面的总投影面积（冠幅）与此林地（林分）总面积的比，是森林资源小班林地调查因子之一。

5.2.6.1 指标技术标准与数据来源

指标技术标准遵循《广东省森林资源规划设计调查操作细则》（2016）第五章第四十四条——小班林地因子调查的有关说明。

指标数据来源于《广东省森林资源规划设计调查操作细则》（2016）外业质量检查记录表（表 5-10）。

表 5-10　外业质量检查记录表

林班号	小班号	小班界线	地类	森林类别	林种	事权等级	起源	郁闭度	优势树种	优势树种平均胸高	优势树种平均胸径	优势树种角规断面	平均年龄	伴生树种	伴生树种平均胸高	伴生树种角规断面	公顷株数	下木调查	灌木调查	草本调查	生态状况因子	林地分级分区	其他因子	合格否

5.2.6.2　数据整理与填报

对照外业质量检查记录表，收集国有林场的林分郁闭度数据。

5.2.6.3　数据收集频次

数据遵循森林资源二类调查间隔期为 10 年。在间隔期内根据领导干部离任等需要进行重新调查或补充调查。

5.2.7　A7 林分平均高、平均胸径

林分平均高和平均胸径是森林资源小班林地调查因子之一。

5.2.7.1　指标技术标准与数据来源

指标技术标准遵循《广东省森林资源规划设计调查操作细则》（2016）第五章第四十四条——小班林地因子调查的有关说明。

指标数据来源于《广东省森林资源规划设计调查操作细则》（2016）外业质量检查记录表（表 5-10）。

5.2.7.2　数据整理与填报

对照外业质量检查记录表，收集国有林场的林分平均高和平均胸径数据。

5.2.7.3　数据收集频次

数据遵循森林资源二类调查间隔期为 10 年。在间隔期内根据领导干部离任等需要进行重新调查或补充调查。

5.2.8　A8 单位面积林分蓄积量

单位面积林分蓄积量是指每公顷林分的活立木蓄积量。

5.2.8.1　指标技术标准与数据来源

指标技术标准遵循《广东省森林资源规划设计调查操作细则》（2016）第五章第四十六条——蓄积量调查的相关说明。

指标数据来源于《广东省森林资源规划设计调查操作细则》（2016）统计表，即森林资源统计表（一）——森林、林木面积蓄积统计表（表5-8）。

5.2.8.2　数据整理与填报

对照森林、林木面积蓄积统计表，收集国有林场和森林公园的乔木林和疏林地的蓄积量数据，以及乔木林和疏林地的面积数据。乔木林和疏林地的蓄积量除以乔木林和疏林地的面积即为单位面积林分蓄积量，数据填报单位以立方米每公顷（m^3/hm^2）计。

5.2.8.3　数据收集频次

数据遵循森林资源二类调查间隔期为 10 年。在间隔期内根据领导干部离任等需要进行重新调查或补充调查。

5.2.9　A9 单位面积林分生物量

森林生物量是森林生态系统长期生产与代谢过程中有机物的积累，是二类调查的主要内容之一。

5.2.9.1　指标技术标准与数据来源

指标技术标准遵循《广东省森林资源规划设计调查操作细则》（2016）的有关说明。

指标数据来源于《广东省森林资源规划设计调查操作细则》（2016）统计表，即森林资源统计表（二）——林地各类土地植物生物量统计表（表5-11）。

表 5-11　林地各类土地植物生物量统计表

统计单位	地类	面积合计（hm^2）	生物量合计（百t）	商品林										生态公益林									
				小计		林木类					下木层（百t）	灌木层（百t）	草本层（百t）	小计		林木类					下木层（百t）	灌木层（百t）	草本层（百t）
				面积（hm^2）	生物量（百t）	小计（百t）	干部（百t）	枝部（百t）	叶部（百t）	根部（百t）				面积（hm^2）	生物量（百t）	合计（百t）	干部（百t）	枝部（百t）	叶部（百t）	根部（百t）			
1	2	3	4	5	6	7	8	9	10	11	12	13	14	15	16	17	18	19	20	21	22	23	24

5.2.9.2 数据整理与填报

对照林地各类土地植物生物量统计表，收集国有林场的生物量合计和面积合计数据。生物量合计与面积合计之比即为单位面积林分生物量，数据填报单位以吨每公顷（t/hm²）计。

5.2.9.3 数据收集频次

数据遵循森林资源二类调查间隔期为 10 年。在间隔期内根据领导干部离任等需要进行重新调查或补充调查。

5.2.10 A10 生态功能等级 Ⅰ、Ⅱ 类林面积占比

森林生态功能是指森林生态系统及其生态过程所形成的有利于人类生存与发展的生态环境条件和效用。通过利用反映森林生物量、生物多样性和森林结构的有关因子，按相对重要性来综合评定森林生态功能等级。

5.2.10.1 指标技术标准与数据来源

指标技术标准遵循《广东省森林资源规划设计调查操作细则》（2016）第二章第二十四条——森林生态状况的有关说明。

指标数据来源于《广东省森林资源规划设计调查操作细则》（2016）统计表，即森林资源统计表（二）——森林生态功能等级面积、比例统计表（表 5-12）。

表 5-12 森林生态功能等级面积、比例统计表

统计单位	区划林种	地类	合计		Ⅰ		Ⅱ		Ⅲ		Ⅳ	
			面积（hm²）	比例（%）	面积（hm²）	比例（%）	面积（hm²）	比例（%）	面积（hm²）	比例（%）	面积（hm²）	比例（%）
1	2	3	4	5	6	7	8	9	10	11	12	13

5.2.10.2 数据整理与填报

对照森林生态功能等级面积、比例统计表，收集国有林场内生态功能等级 Ⅰ 类林比例与 Ⅱ 类林比例数据，两者之和即为生态功能等级 Ⅰ、Ⅱ 类林面积占比，数据填报单位以 % 计。

5.2.10.3 数据收集频次

数据遵循森林资源二类调查间隔期为 10 年。在间隔期内根据领导干部离任

等需要进行重新调查或补充调查。

5.2.11 A11 森林景观等级 I、Ⅱ、Ⅲ类林面积占比

森林景观等级评定以评定因子与类型得分总和法综合评定，其评定因子为林分类型、层次、古树和色彩等 4 因子，各因子状况划分为 I、Ⅱ、Ⅲ和Ⅳ等 4 种类型。

5.2.11.1 指标技术标准与数据来源

指标技术标准遵循《广东省森林资源规划设计调查操作细则》（2016）第二章第二十四条——森林生态状况的有关说明。

指标数据来源于《广东省森林资源规划设计调查操作细则》（2016）统计表，即森林资源统计表（二）——森林景观资源质量等级面积、比例统计表（表 5-13）。

表 5-13 森林景观资源质量等级面积、比例统计表

统计单位	地类	优势树种	合计		I		Ⅱ		Ⅲ		Ⅳ	
			面积（hm²）	比例（%）	面积（hm²）	比例（%）	面积（hm²）	比例（%）	面积（hm²）	比例（%）	面积（hm²）	比例（%）
1	2	3	4	5	6	7	8	9	10	11	12	13

5.2.11.2 数据整理与填报

对照森林景观资源等级面积、比例统计表，收集国有林场内景观资源等级 I 类林比例、Ⅱ类林比例与Ⅲ类林比例数据，三者之和即为森林景观等级 I、Ⅱ、Ⅲ类林面积占比，数据填报单位以 % 计。

5.2.11.3 数据收集频次

数据遵循森林资源二类调查间隔期为 10 年。在间隔期内根据领导干部离任等需要进行重新调查或补充调查。

5.2.12 A12 病虫害、森林火灾受灾等级与面积

森林灾害类型主要包括森林病害、虫害、火灾、气候灾害（风、雪、水、旱）、其他灾害和无灾害，是二类调查的内容之一。

5.2.12.1 指标技术标准与数据来源

指标技术标准遵循《广东省森林资源规划设计调查操作细则》（2016）第二

章第二十四条——森林生态状况的有关说明。

指标数据来源于《广东省森林资源规划设计调查操作细则》（2016）统计表，即森林资源统计表（二）——森林灾害按等级面积统计表（表 5-14）。

表 5-14 森林灾害按等级面积统计表　　　　（单位：hm²）

统计单位	林地类别	地类	等级	病害	虫害	火灾	气候灾害	其他灾害
1	2	3	4	5	6	7	8	9

5.2.12.2 数据整理与填报

对照森林灾害按等级面积统计表，收集国有林场和森林公园的病虫害、森林火灾等级及受灾面积数据。填报等级数据时，按面积最大对应的等级填报，填报面积时按照所有等级（存在受灾情况的等级）的面积之和填报。

5.2.12.3 数据收集频次

数据遵循森林资源二类调查间隔期为 10 年。在间隔期内根据领导干部离任等需要进行重新调查或补充调查。

5.2.13 A13 土壤石漠化、沙化、侵蚀等级与面积

土壤石漠化、沙化、侵蚀是森林土地退化的具体表现，土地退化是指使用土地或一种营力或数种营力结合致使干旱、半干旱和亚湿润地区的雨浇地、水浇地或草原、牧场、森林和林地的生物或经济生产力与复杂性下降或丧失。其中，沙化是指由于各种因素形成的、以沙质地表为主要标志的土地退化。石漠化是指受人为活动干扰，地表植被遭受破坏，造成土壤严重侵蚀，基岩大面积裸露，砾石堆积的土地退化现象，是岩溶地区土地退化的极端形式。土壤侵蚀是指土壤及其母质在水力、风力、冻融或重力等外应力作用下，被破坏、剥蚀、搬运和沉积的过程。

5.2.13.1 指标技术标准与数据来源

指标技术标准遵循《广东省森林资源规划设计调查操作细则》（2016）第二章第二十六条——土地退化。

土壤石漠化等级与面积指标数据来源于《广东省森林资源规划设计调查操作细则》（2016）统计表，即林业部门管理森林资源统计表（二）——石漠化面积统计表（表 5-15）。

表 5-15 石漠化面积统计表 （单位：hm²）

统计单位	地类	合计	无明显石漠化	潜在石漠化			石漠化				
				小计	弱度潜在石漠化	强度潜在石漠化	小计	轻度石漠化	中度石漠化	强度石漠化	极强度石漠化
1	2	3	4	5	6	7	8	9	10	12	13

土壤沙化面积指标数据来源于《广东省森林资源规划设计调查操作细则》（2016）统计表，即林业部门管理森林资源统计表（二）——沙化类型面积、比例统计表（表 5-16）。

表 5-16 沙化类型面积、比例统计表

统计单位	林地类别	地类	合计		流动沙地（丘）		半流动沙地（丘）		固定沙地（丘）	
			面积（hm²）	比例（%）	面积（hm²）	比例（%）	面积（hm²）	比例（%）	面积（hm²）	比例（%）
1	2	3	4	5	6	7	8	9	10	11

土壤沙化等级指标数据来源于《广东省森林资源规划设计调查操作细则》（2016）——广东省林地地籍小班登记卡（表 5-17）。

表 5-17 广东省林地地籍小班登记卡

1	地类	2	林地所有权	3	林地使用权
4	林木所有权	5	林木使用权	6	森林公园名称
7	森林公园等级	8	自然保护区名称	9	自然保护区分区
10	土壤名称	11	土层厚度（cm）	12	枯枝落叶厚度（cm）
13	工程类别	14	林地管理类型	15	被占林地类型
16	森林位别	17	森林类别	18	林种
19	事权等级	20	公益林保护等级	21	优势树种（组）
22	平均树高（m）	23	平均胸径（cm）	24	起源
25	郁闭（盖度）	26	植被总覆盖率（%）	27	平均年龄
28	林组（竹度）	29	生产期	30	森林群落结构
31	林层结构	32	天然更新等级	33	交通区位（可及度）
34	经营措施	35	生长类型	36	成活（保存）率（%）
37	公顷株数	38	散生木蓄积	39	自然度
40	森林健康度	41	森林灾害类型	42	森林灾害等级
43	生态功能等级	44	森林景观等级	45	沙化类型
46	沙化程度	47	石漠化程度	48	土壤侵蚀类型
49	土壤侵蚀等级	50	下木优势种	51	下木均高（m）
52	下木地径（cm）	53	下木株数	54	下木年龄

55	灌木优势种	56	灌木均高（m）	57	灌木地径（cm）
58	灌木盖度（%）	59	灌木株数	60	灌木年龄
61	草本优势种	62	草本均高（m）	63	草本盖度（%）
64	草本年龄	65	蓄积量（m3）	66	生物量（t）

土壤侵蚀等级与面积指标数据来源于《广东省森林资源规划设计调查操作细则》（2016）统计表，即林业部门管理森林资源统计表（二）——林地土壤侵蚀类型与等级面积、比例统计表（表 5-18）。

表 5-18　林地土壤侵蚀类型与等级面积、比例统计表

统计单位	林地类别	地类	等级	合计		面状		沟状		崩塌	
				面积（hm²）	比例（%）	面积（hm²）	比例（%）	面积（hm²）	比例（%）	面积（hm²）	比例（%）
1	2	3	4	5	6	7	8	9	10	11	12

注：等级分轻微、中级、强度、剧烈

5.2.13.2　数据整理与填报

土壤石漠化等级与面积指标数据来源于石漠化面积统计表中的石漠化指标。填报等级数据时，按面积最大对应的等级（潜在、轻度、中度、重度、极重度）填报；填报面积时按照所有等级（存在退化情况的等级）的面积之和填报。

土壤沙化面积指标数据来源于沙化类型面积、比例统计表中的合计面积；土壤沙化等级指标数据来源于广东省林地地籍小班登记卡中的 46 项——沙化程度。填报等级数据时，按面积最大对应的等级（轻度、中度、强度、极强度）填报；填报面积时按照所有等级（存在退化情况的等级）的面积之和填报。

土壤侵蚀等级与面积指标数据来源于林地土壤侵蚀类型与等级面积、比例统计表中的等级与合计面积指标对应数据。填报等级数据时，按面积最大对应的等级（轻微、中级、强度、剧烈）填报；填报面积时按照所有等级（存在退化情况的等级）的面积之和填报。

5.2.13.3　数据收集频次

土壤石漠化、沙化、侵蚀等级与面积数据遵循森林资源二类调查间隔期为 10 年。在间隔期内根据领导干部离任等需要进行重新调查或补充调查。

5.2.14　A14 竹林密度

5.2.14.1　指标技术标准与数据来源

指标技术标准遵循《广东省森林资源规划设计调查操作细则》（2016）的有关说明。

指标数据来源于《广东省森林资源规划设计调查操作细则》（2016）统计表，即森林资源统计表（二）——竹林统计表（表 5-19）。

表 5-19　竹林统计表

统计单位	林地类别	林种	合计		毛竹		杂竹	
			面积（hm²）	株数（万株）	面积（hm²）	株数（万株）	面积（hm²）	株数（万株）
1	2	3	4	5	6	7	8	9

5.2.14.2　数据整理与填报

对照竹林统计表，收集国有林场和森林公园的竹株数和竹林面积数据。竹株数除以竹林面积即为竹林密度，数据填报单位以株 /hm² 计。

5.2.14.3　数据收集频次

数据遵循森林资源二类调查间隔期为 10 年。在间隔期内根据领导干部离任等需要进行重新调查或补充调查。

5.2.15　A15 出材率

5.2.15.1　指标技术标准与数据来源

指标技术标准与数据来源为《广东省森林资源调查常用数表》中的规格材出材率（表 5-20）。

表 5-20　规格材出材率

优势树种	胸径（cm）	规格材出材率（%）	优势树种	胸径（cm）	规格材出材率（%）
	5～7	—		6～8	10
	8～9	—		9～10	35
桉树	10～11	30	杉树	11～12	55
	12～13	45		13～14	65
	13 以上	60		15 以上	70

优势树种	胸径（cm）	规格材出材率（%）	优势树种	胸径（cm）	规格材出材率（%）
松树	6～8	—	阔叶树（包括相思等）	6～8	—
	9～10	35		9～10	15
	11～12	50		11～12	40
	13～14	55		13～14	50
	15 以上	70		15 以上	58

5.2.15.2 数据整理与填报

根据本负债表中的优势树种（乔木）分类，建立优势树种与《广东省森林资源调查常用数表》的对应关系，并计算出其他针叶树（杉、松均值）、针阔混交林（针、阔均值）两类优势树种的参考值，建立优势树种出材率对照表（表 5-21）。

表 5-21　优势树种出材率对照表

优势树种	胸径（cm）	规格材出材率（%）	优势树种	胸径（cm）	规格材出材率（%）
杉树	6～8	10	桉树	5～7	—
	9～10	35		8～9	—
	11～12	55		10～11	30
	13～14	65		12～13	45
	15 以上	70		13 以上	60
松树	6～8	—	速生相思 / 其他阔叶树	6～8	—
	9～10	35		9～10	15
	11～12	50		11～12	40
	13～14	55		13～14	50
	15 以上	70		15 以上	58
其他针叶树	6～8	5	针阔混交林	6～8	5
	9～10	35		9～10	25
	11～12	53		11～12	46
	13～14	60		13～14	55
	15 以上	70		15 以上	64

5.2.15.3 数据收集频次

出材率数据为核算功能参数数据，数据收集仅需根据《广东省森林资源调查常用数表》进行更新。

5.2.16　A16 古树名木养护管理的客观投入

5.2.16.1　指标技术标准与数据来源

古树名木养护管理的客观投入数据指标参考《全国绿化委员会关于进一步加强古树名木保护管理的意见》（全绿字〔2016〕1 号）。

古树名木养护管理的客观投入数据来源于各国有林场、森林公园。

5.2.16.2　数据整理与填报

各国有林场、森林公园将古树名木养护管理的各项客观投入进行统计汇总，并进行填报。

古树名木养护管理的各项客观投入包含了本级国有林场、森林公园对有关古树名木养护管理的科研经费的投入、对受损的古树名木的维护费用、对改善古树名木立地条件投入费用、对古树名木开展日常监管的相关费用。

5.2.16.3　数据收集频次

古树名木养护管理的客观投入数据应采用年度收集的方式，数据收集频次为 1 次 / 年。

5.2.17　A17 珍稀濒危动物、植物投入的保护管理费

5.2.17.1　指标技术标准与数据来源

珍稀濒危动物、植物投入的保护管理费数据来源于各国有林场、森林公园。

5.2.17.2　数据整理与填报

各国有林场、森林公园将保护珍稀濒危动物、植物的各项客观费用进行统计汇总，并进行填报。

保护珍稀濒危动物、植物的各项客观费用包含了本级国有林场、森林公园对有关珍稀濒危动物（植物）的科研经费的投入、对珍稀濒危动物（植物）进行标识和统计的费用、开展有关珍稀濒危动物（植物）日常监管巡查的费用、对珍稀濒危动物（植物）栖息环境（立地条件）的改善等相关费用。

5.2.17.3　数据收集频次

珍稀濒危动物、植物投入的保护管理费数据应采用年度收集的方式，数据收集频次为 1 次 / 年。

5.2.18 A18 湿地资源（河流湿地、湖泊湿地、沼泽湿地、人工湿地）面积

5.2.18.1 指标技术标准与数据来源

湿地资源面积指标技术标准遵循《全国湿地资源调查技术规程（试行）》（湿发 [2008]265 号）。

湿地资源（河流湿地、湖泊湿地、沼泽湿地、人工湿地）面积指标数据来源于广东省（全国）湿地普查。

5.2.18.2 数据整理与填报

将广东省湿地普查地理信息数据与全省国有林场 SHP 文件叠加，得到全省各国有林场各类湿地（河流湿地、湖泊湿地、沼泽湿地、人工湿地）面积，并进行填报。

5.2.18.3 数据收集频次

湿地资源面积数据收集频次分为大年和小年。每大年即为广东省（全国）开展湿地普查的年份，需要根据广东省（全国）湿地普查结果对各国有林场湿地资源面积基础数据进行更新；每小年即为每个自然年（1 次 / 年），需要对各国有林场内各类湿地（河流湿地、湖泊湿地、沼泽湿地、人工湿地）进行现场勘查拍照，发现面积上有较大变动情况的，则需根据实地调查情况进行更正数据。

5.2.19 A19 年水力发电量

5.2.19.1 指标技术标准与数据来源

年水力发电量指标数据来源于国有林场经营统计数据。

5.2.19.2 数据整理与填报

各国有林场将本年度水力发电量（kW·h）进行统计并填报。

5.2.19.3 数据收集频次

年水力发电量数据应采用年度收集的方式，数据收集频次为 1 次 / 年。

5.2.20 A20 年提供就业岗位数

5.2.20.1 指标技术标准与数据来源

年提供就业岗位数指标数据来源于森林公园经营统计数据。

5.2.20.2 数据整理与填报

各森林公园将本年度森林公园内提供多少就业岗位数据进行统计汇总，并进行填报。

5.2.20.3 数据收集频次

年提供就业岗位数数据应采用年度收集的方式，数据收集频次为 1 次 / 年。

5.2.21 A21 年旅游总人数

5.2.21.1 指标技术标准与数据来源

年旅游总人数指标技术标准参考《中国统计年鉴（2016）》旅游业主要统计指标解释。

年旅游总人数指标数据来源于森林公园经营统计数据。

5.2.21.2 数据整理与填报

各森林公园将本年度前往森林公园观光游览、度假、健身疗养、购物的旅客按每出游一次统计 1 人次进行统计汇总，并填报。

5.2.21.3 数据收集频次

年旅游总人数数据应采用年度收集的方式，数据收集频次为 1 次 / 年。

5.2.22 A22 游客人均停留天数

5.2.22.1 指标技术标准与数据来源

游客人均停留天数指标技术标准参考《中国统计年鉴（2016）》旅游业主要统计指标解释。

年旅游总人数指标数据来源于森林公园经营统计数据。

5.2.22.2 数据整理与填报

各森林公园将本年度前往森林公园游览旅客的住宿情况进行统计汇总，得到游客住宿总天数后按下式计算得到游客人均停留天数。

游客人均停留天数 =（住宿总天数 + 旅游总人次数）/ 旅游总人次数。

5.2.22.3 数据收集频次

年旅游总人数数据应采用年度收集的方式，数据收集频次为 1 次 / 年。

5.2.23 A23 主要其他林产品年产量

5.2.23.1 指标技术标准与数据来源

主要其他林产品年产量指标技术标准参考《中国林业统计年鉴（2014）》主要经济林产品指标解释。包含了竹材、木材之外的水果、干果、林产饮料、林产调料、森林食品、木本药材、木本油料、林产工业原料等。

主要其他林产品年产量指标数据来源于林业统计数据。

5.2.23.2 数据整理与填报

国有林场根据林业统计数据中主要经济林产品生产情况数据进行填报。

5.2.23.3 数据收集频次

主要其他林产品年产量应与林业统计数据一致，采用年度收集的方式，数据收集频次为 1 次 / 年。

5.2.24 A24 林分年净生产力

5.2.24.1 指标技术标准

指标技术标准遵循《广东省森林资源规划设计调查操作细则》（2016）。

5.2.24.2 数据获取与填报

在二类调查对林地各类土地植物生物量的调查基础上，获取经营单位某年（a）的生物量数据 W_a 与其上一次（b）生物量数据 W_b。两者之差再除以间隔年即为某一年的净生产力，一般用 Z_W 表示，即

$$Z_W = \frac{W_a - W_b}{a - b} \qquad (5\text{-}1)$$

5.2.24.3 数据调查频次

数据调查间隔期参照二类调查间隔期为 10 年，在间隔期内根据领导干部离任等需要可进行重新调查或补充调查。

5.2.25 A25 红树林生物量

5.2.25.1 指标技术标准

指标技术标准遵循《广东省红树林湿地碳汇计量监测技术方案》及相关科学论文（黄妃本等，2015）。

5.2.25.2 数据获取与填报

根据广东省红树林湿地碳汇计量监测试点成果，获取林场内白骨壤（*Avicennia mavina*）、根据（*Kandelia obovata*）、桐华树（*Aegiceras corniculatum*）、红海榄（*Rhizophora stylosa*）、木榄（*Bruguiera gymnorrhiza*）、无瓣海桑（*Sonneratia apetala*）、拉关木（*Laguncularia racemosa*）7 类红树林群落类型面积和各类红树林群落类型单位面积生物量。

林场红树林生物量（$W_红$）等于各类红树林群落类型面积（A_i）乘以对应红树林群落类型单位面积生物量（P_i）之和，即

$$W_红 = \sum_i P_i A_i \qquad (5\text{-}2)$$

5.2.25.3 数据调查频次

数据调查间隔期参照二类调查间隔期为 10 年，在间隔期内根据领导干部离任等需要可进行重新调查或补充调查。

5.2.26 A26 红树林湿地年净生产力

5.2.26.1 指标技术标准

指标技术标准遵循《广东省红树林湿地碳汇计量监测技术方案》。

5.2.26.2 数据获取与填报

在红树林湿地碳汇计量监测的调查基础上，获取经营单位某年（a）的红树

林生物量数据 W_a，与其上一次（b）红树林生物量数据 W_b。两者之差再除以间隔年即为某一年的净生产力，一般用 Z_W 表示，即

$$Z_W = \frac{W_a - W_b}{a - b} \tag{5-3}$$

5.2.26.3　数据调查频次

数据调查间隔期参照二类调查间隔期为 10 年，在间隔期内根据领导干部离任等需要可进行重新调查或补充调查。

5.2.27　A27 平均水面蒸发吸收热量

5.2.27.1　指标技术标准

指标技术标准遵循《水面蒸发观测规范》（SL 630—2013）。

5.2.27.2　数据获取与填报

平均水面蒸发吸收热量 $R_{蒸发}$（kJ/hm^2）指标数据通过年均水面蒸发量 L（mm）计算得到，取水温在 100℃、1 标准大气压下的汽化热 2.26×10^3kJ/kg，计算公式如下：

$$R_{蒸发} = 2.26 \times 10^7 L \tag{5-4}$$

式中，年均水面蒸发量 L（mm）数据来源于当地的水务、气象部门。

5.2.27.3　数据调查频次

该数据可每年采集 1 次，或根据领导干部离任等需要进行多年平均值的采集。

5.3　现场调查类（B 类）数据采集方案

5.3.1　B1 古树名木价值认定系数

古树名木价值认定系数是计算古树名木价值的相关系数总称。
古树名木价值 = 古树名木树种价值 × 生长势价值系数 × 树木级别价值系

数 × 树木场所价值系数 + 养护管理的客观投入。其中，古树名木树种价值 = 树种价值系数 × 地方园林绿化苗木每厘米胸径价格 × 树胸径。因此古树名木价值认定系数包含树种价值系数、生长势价值系数、树木级别价值系数和树木场所价值系数 4 个系数。

5.3.1.1　指标技术标准

指标技术标准遵循广东省发展和改革委员会价格认证中心印发的《广东省古树名木价格认定相关系数》（粤价认综〔2016〕24 号），见第 4 章表 4-5。

5.3.1.2　调查范围与对象

国有林场和森林公园管理范围内的所有大于 100 年树龄的古树与名木。

5.3.1.3　数据调查方法与填报

对国有林场（森林公园）管理范围内的所有大于 100 年树龄的古树与名木进行逐一调查，填写广东省古树名木价值认定系数调查表（表 5-22）。

表 5-22　古树名木价值认定系数调查表

填报时间：　　　　　　　　　　　　　　填报单位：

序号	树种	古树树龄／名木属性	胸径	树种价值系数	生长势价值系数	树木级别价值系数	树木场所价值系数	养护管理的客观投入（元）

5.3.1.4　数据调查频次

古树名木数据调查间隔期为 5 年，在间隔期内进行一年一次的巡查，并只对古树名木的数量（存活）情况进行更新。

5.3.2　B2 珍稀濒危动植物种类

5.3.2.1　指标技术标准

指标技术标准参照《全国第二次陆生野生动物资源调查技术规程》。

5.3.2.2　调查范围与对象

在现有珍稀濒危物种数据的基础上，对广东省国有林场森林资源的珍稀濒危动植物种类和数量开展补充调查。调查对象重点考虑：①《世界自然保护联盟濒危物种红色名录》收录物种；②《濒危野生动植物种国际贸易公约》收录物种；③《国家重点保护野生动物名录》收录物种；④《中国物种红色名录》收录物种。

5.3.2.3 数据调查仪器设备

1）望远镜：20～60 倍单筒望远镜 2 台，用于观察较远距离的动物；双筒望远镜 6 台，用于快速寻找和跟踪定位。

2）摄影录影设备：红外自动数码相机 20 台，日夜均可进行录影和拍照，对于夜间活动和难以发现的动物尤其适用；数码相机 3 台，用于记录动物生态活动的影像；数码录音机 2 台，用于记录动物鸣声，可用于种类鉴别和生态分析。

3）定位设备：GPS 多台，用于定位样点、样方和样线。

5.3.2.4 调查布点方法

对于珍稀濒危植物，依据森林植被的分布特点，确定调查路线。在路线调查的基础上，选择典型地段进行样地调查，特别是珍稀濒危植物样地，如金毛狗、苏铁蕨、土沉香等为优势种的群落，每个样地面积为 400～800m²，每个样地再分成若干 10m×10m 的小样方，采用单株每木记账调查法，起测径阶 2cm，起测树高 1.5m，记录各植物的种名、胸径、树高等数据；对于草本和灌木，在每个小样方内再设一个 2m×2m 的小样方，调查其中所有草本和灌木植物的种名、面积、覆盖度等。

对于珍稀濒危动物，通过访问调查和资料查询，近 5 年内在该调查经营范围内曾发现某调查对象的，可认为该物种在该区有分布。另外可采用样线法、样方法和样点法结合进行调查，根据地形地貌特征、水文条件、植被条件、生境类型及实际布设可能性等进行样地的布设。森林生态系统样线长度为 2～5km，样线单侧宽度两栖类 5～15m、爬行类 10～15m、鸟类 25～30m、兽类 20～25m，调查时间在 4～5h 内。在样线起点使用 GPS 定位，在整个调查过程中开启路径记录功能，记录时间间隔为 5～15s，在结束位置使用 GPS 定位。样方大小为爬行动物 50m×100m、两栖动物 8m×8m。样方沿实际样线布设，所有样方沿行进方向的左上角使用 GPS 定位。样点半径两栖类 10～20m、爬行类 15～25m、鸟类 25～50m、兽类 20～25m。点沿实际样线布设，所有样点位置使用 GPS 定位。

5.3.2.5 数据调查频次

数据调查间隔期为 10 年，在间隔期内对已发现珍稀濒危植物进行一年一次的巡查，以进行数据更新。

5.3.3　B3 生物景观（动物、植物）质量评分

5.3.3.1　指标技术标准

指标技术标准参照《广东森林公园质量等级划分与评定》（DB44/T 1228—2013）、《广东省林业厅关于森林公园质量等级评级的管理办法（试行)》。

5.3.3.2　调查范围与对象

调查范围与对象为整个森林公园。

5.3.3.3　数据调查方法与填报

通过现场考察和资料复评的方式对森林公园生物景观（动物、植物）进行质量评分。评分标准如表 5-23 所示。

表 5-23　森林公园生物景观质量评分

地文景观	评定说明	评价分值
植物（10）	维管植物种类 500 种以上，并有列入省级（含）以上重点保护名录的自然分布的保护植物 10 种以上	8～10
	维管植物种类 300 种以上，并有列入省级（含）以上重点保护名录的自然分布的保护植物 3 种以上	4～7
	维管植物种类 300 种以下，无自然分布的列入省级（含）以上重点保护名录的保护植物	1～3
动物（10）	陆生野生脊椎动物 150 种以上，并有列入省级（含）以上重点保护名录的保护物种 15 种以上，有很高的科研和观赏价值	8～10
	陆生野生脊椎动物 100 种以上至 150 种，并有列入省级（含）以上重点保护名录的保护物种 5 种以上，有较高的科研和观赏价值	4～7
	陆生脊椎野生动物 100 种以下，多为常见野生动物，有一定的科研和观赏价值	1～3

5.3.3.4　数据调查频次

生物景观（动物、植物）质量评分的调查频次为 3 年 1 次，与《广东省林业厅关于森林公园质量等级评级的管理办法（试行)》中有关星级森林公园的复核频率一致。

5.3.4　B4 地文景观（体量、特征）质量评分

5.3.4.1　指标技术标准

指标技术标准参照《广东森林公园质量等级划分与评定》（DB44/T 1228—2013）、《广东省林业厅关于森林公园质量等级评级的管理办法（试行)》。

5.3.4.2　调查范围与对象

调查范围与对象为整个森林公园。

5.3.4.3　数据调查方法与填报

邀请来自林业相关方面的专家组成专家组，并通过现场考察和资料复评的方式对森林公园地文景观（体量、特征）进行质量评分。评分标准如表 5-24 所示。

表 5-24　森林公园地文景观质量评分

地文景观	评定说明	评价分值
体量（10）	中山，海拔＞1000m 或相对高差＞500m，山体雄伟，山势险峻	8～10
	低山，海拔 500～1000m 或相对高差 200～500m，山势有一定的起伏	4～7
	丘陵，海拔＜500m 或相对高差＜200m，坡度平缓	1～3
特征（20）	景观特征异常奇特，景观突出，类型丰富，具有雄伟、险峻、秀丽之感，具有很高的观赏游憩价值，省内外闻名	16～20
	景观特征较为奇特，有奇峰、怪石、悬崖、石（溶）洞景观，类型一般，具有一定的雄伟、秀丽之感，具有较高的观赏游憩价值，在当地有一定知名度	11～15
	景观特征一般，峰、石、崖、洞等景观少，景观不突出，缺乏美感，具有一定的观赏游憩价值	1～10

5.3.4.4　数据调查频次

地文景观（体量、特征）质量评分的数据调查为 1 次调查，仅在森林公园地文景观发生改变时进行更新调查。

5.3.5　B5 森林景观（森林覆盖率、森林群落、林相）质量评分

5.3.5.1　指标技术标准

指标技术标准参照《广东森林公园质量等级划分与评定》（DB44/T 1228—2013）、《广东省林业厅关于森林公园质量等级评级的管理办法（试行）》。

5.3.5.2　调查范围与对象

调查范围与对象为整个森林公园。

5.3.5.3　数据调查方法与填报

邀请来自林业相关方面的专家组成专家组，并通过现场考察和资料复评的

方式对森林公园森林景观（森林覆盖率、森林群落、林相）进行质量评分。评分标准如表 5-25 所示。

表 5-25　森林公园森林景观质量评分

森林景观	评定说明	评价分值
森林覆盖率（30）	计算森林覆盖率时，可扣除 ≥ 1hm² 以上的水体面积	
	森林覆盖率 ≥ 95%	26 ～ 30
	90% ≤森林覆盖率 < 95%	21 ～ 25
	85% ≤森林覆盖率 < 90%	16 ～ 20
	80% ≤森林覆盖率 < 85%	11 ～ 15
	70% ≤森林覆盖率 < 80%	6 ～ 10
	森林覆盖率 < 70%	0
森林群落（10）	天然林或阔叶混交林面积占有林地面积 60% 以上，植物群落类型多样	8 ～ 10
	天然林或阔叶混交林面积占有林地面积 40% 以上至 60%，植物群落类型较多样；或有景观美誉度高、气势恢宏的大面积纯林	5 ～ 7
	人工林为主，植物群落类型单一	0 ～ 4
林相（10）	林相好，季相变化多样，景色丰富，四季各异	9 ～ 10
	林相较好，季相变化明显，有明显的春景或秋景	7 ～ 8
	林相一般，季相变化较明显	4 ～ 6
	林相较差，季相变化不明显	0 ～ 3

5.3.5.4　数据调查频次

森林景观(森林覆盖率、森林群落、林相)质量评分的调查频次为 3 年 1 次，与《广东省林业厅关于森林公园质量等级评级的管理办法（试行）》中有关星级森林公园的复核频率一致。

5.3.6　B6 水文景观（体量、特征）质量评分

5.3.6.1　指标技术标准

指标技术标准参照《广东森林公园质量等级划分与评定》（DB44/T 1228—2013）、《广东省林业厅关于森林公园质量等级评级的管理办法（试行)》。

5.3.6.2　调查范围与对象

调查范围与对象为整个森林公园。

5.3.6.3　数据调查方法与填报

邀请来自林业相关方面的专家组成专家组，并通过现场考察和资料复评的

方式对水文景观（体量、特征）进行质量评分。评分标准如表 5-26 所示。

表 5-26　水文景观质量评分

水文景观	评定说明	评价分值
体量（10）	水域面积≥10hm²	7～10
	5hm²≤水域面积<10hm²	4～6
	1hm²≤水域面积<5hm²	1～3
	水域面积<1hm²	0
特征（20）	湖光山色，景观优美，或有流量大、落差大的动态水景，具有很高的观赏游憩价值，在省内闻名	16～20
	景观较为优美奇特，或有流量较大、落差较大的动态水景，具有较高的观赏游憩价值，在当地有较高的知名度	11～15
	景观一般，形态单一，具有一定的观赏游憩价值	1～10

5.3.6.4　数据调查频次

水文景观（体量、特征）质量评分的调查频次为 3 年 1 次，与《广东省林业厅关于森林公园质量等级评级的管理办法（试行）》中有关星级森林公园的复核频率一致。

5.3.7　B7 天象景观质量评分

5.3.7.1　指标技术标准

指标技术标准参照《广东森林公园质量等级划分与评定》（DB44/T 1228—2013）、《广东省林业厅关于森林公园质量等级评级的管理办法（试行）》。

5.3.7.2　调查范围与对象

调查范围与对象为整个森林公园。

5.3.7.3　数据调查方法与填报

邀请来自林业相关方面的专家组成专家组，并通过现场考察和资料复评的方式对天象景观进行质量评分。评分标准如表 5-27 所示。

表 5-27　天文景观质量评分

	评定说明	评价分值
天象景观（10）	天象景观奇特，知名度很高，省内外闻名	7～10
	天象景观较为美丽，有较高的观赏价值，在当地有一定的知名度	4～6
	天象景观一般，吸引力较低	1～3

5.3.7.4 数据调查频次

天象景观质量评分的调查频次为 3 年 1 次，与《广东省林业厅关于森林公园质量等级评级的管理办法（试行）》中有关星级森林公园的复核频率一致。

5.3.8 B8 珍稀濒危物种质量评价得分

珍稀濒危物种质量评价是指对物种稀有和受威胁的程度进行系统的评价，通过计算珍稀濒危物种"质量分"来反映其质量情况。质量分由濒危程度（名录濒危值和分布省区）、遗传状况、生长繁殖（生长形态、生长周期和繁殖方式）和物种价值（科研价值、生态价值、经济价值和观赏价值）四部分构成。最终，某一珍稀濒危物种的质量评价得分等于该物种各项评价指标得分的总和。

5.3.8.1 指标技术标准

指标技术标准参考叶有华等（2017）相关研究，珍稀濒危物种各项指标的质量评价标准具体见第 4 章表 4-21。

5.3.8.2 调查范围与对象

国有林场和森林公园管理范围内的珍稀濒危动植物。

5.3.8.3 数据调查方法与填报

对国有林场（森林公园）管理范围内的有记录的全部珍稀濒危动植物进行逐一调查，参考在网上查找相关物种的濒危程度、遗传状况、生长繁殖和物种价值等信息，结合珍稀濒危物种质量评价标准，从而得到各珍稀濒危物种的质量得分，并填写在珍稀濒危物种质量评价调查表（表 5-28）中。

表 5-28 珍稀濒危物种质量评价得分调查表

填报时间：　　　　　填报单位：

序号	种名	名录濒危值	分布省区	遗传状况	生长形态	生长周期	繁殖方式	科研价值	生态价值	经济价值	观赏价值	质量得分总计

5.3.8.4 数据调查频次

珍稀濒危物种质量评价得分数据调查间隔期为 5 年，在间隔期内进行一年一次的巡查。

5.4 采样监测类（C 类）数据采集方案

5.4.1 C1 枯落物蓄水量

5.4.1.1 指标技术标准

指标技术标准参照《森林土壤水分 - 物理性质的测定》（LY/T 1215—1999）。

5.4.1.2 采样布点方法

在经营范围内对主要植被类型进行布点，每个检测区域各设立 3 个检测样地，结合林地样方调查，在每个样地选择 3～5 个样方。

分两次调查采样，采样时间跨越春夏季，第一次采样于 1 月中下旬进行，第二次采样于 8 月中下旬进行。

5.4.1.3 监测方法

用室内浸泡法测定林下枯落物的持水量和最大持水率。首先，对所采集的枯落物进行风干并称其重量，然后将称重后的枯落物原状放入土壤筛，再将装有枯落物的土壤筛置入盛有清水的容器中，水面高于土壤筛的上沿，在水中浸泡至其重量不变为止。枯落物蓄水量计算式为

$$V = L(M_浸 - M_干)/M_干 \tag{5-5}$$

式中，V 为枯落物蓄水量（t/hm^2）；L 为枯落物累积量（t/hm^2）；$M_浸$ 为浸泡后枯落物质量（g）；$M_干$ 为枯落物干重（g）。

5.4.1.4 数据处理与填报

各样本测得的枯落物蓄水量的平均值即为最终枯落物蓄水量数据。

5.4.1.5 数据调查频次

枯落物蓄水量数据调查间隔期为 5 年，在间隔期内根据领导干部离任等需要进行重新调查或补充调查。

5.4.2 C2 林分土壤非毛管孔隙度，林分土壤层厚度，林分土壤容重

5.4.2.1 指标技术标准

指标技术标准参照《土壤环境检测技术规范》（HJ/T 166—2004）、《森林土壤水分 - 物理性质的测定》（LY/T 1215—1999）。

5.4.2.2 采样布点方法

针对经营范围内的主要植被类型进行布点，在每个植被类型区取 3 个样点。取一个 100cm³ 容积的环刀，刃口向下置于样点土面，然后用小锤锤击，使得环刀垂直压入土中。用小铲挖掘周围土壤从而取出整个环刀，除去环刀周边及两端的土壤后，盖上底盖，带回实验室。

将带回的土样及环刀打开底盖放入烘箱中在 105℃ 下烘至恒重后称重（W_0），精确到 0.01g。

将烘干冷却的带有土样的环刀上下盖取下后，一端换上带网孔并垫有滤纸的底盖，并将环刀放入装有 2～3mm 水深水的水盘中，浸入 8～12h 后取出，擦干表面后称重（W_1）。称重后放入水中浸泡，充分浸入，至顶部滤纸完全湿润后取出，擦干表面后称重（W_2）。

土壤层厚度的测量优先考虑在已发生土壤崩塌的位置进行测量，对于没有自然露出的土壤剖面的地区，采用人工挖掘剖面（挖到母质层为止）的方式进行测量。每个国有林场在典型区域选取 1～3 个样点进行测量，测得的平均值即为该林场的土壤层厚度，按 cm 计量。

5.4.2.3 计算方法

（1）非毛管孔隙度

$$r = \frac{W_2 - W_0}{V} \times 100\% - \frac{W_1 - W_0}{V} \times 100\% \tag{5-6}$$

式中，r 为土壤非毛管孔隙度（%）；W_0 为烘干后环刀加土样重（g）；V 为环刀容积（cm³）；W_1 为带土样环刀浸水后重量（有底盖）；W_2 为带土样环刀浸水后重量（无底盖）。

（2）土壤容重

$$\rho = \frac{W_0 - W_{环刀}}{V} \tag{5-7}$$

式中，ρ 为土壤容重（g/cm³）；W_0 为烘干后环刀加土样重（g）；$W_{环刀}$ 为环刀重（g）；V 为环刀容积（cm³）。

5.4.2.4　数据处理与填报

每个样点测得数据的平均值即为最终填报的数据，其中土壤容重以 g/cm³ 为单位计量，非毛管孔隙度以 % 计量，土壤层厚度以 cm 计量。

5.4.2.5　数据调查频次

数据调查间隔期为 10 年，在间隔期内根据领导干部离任等需要可进行重新调查或补充调查。

5.4.3　C3 林地与无林地土壤侵蚀模数

5.4.3.1　指标技术标准

指标技术标准参考《土壤环境检测技术规范》（HJ/T 166—2004）。

5.4.3.2　采样布点方法

针对林业经营范围的主要植被类型进行布点，每个检测区域各设立 3 个检测样地，结合林地样方调查，在每个样地选择 3～5 个样方。

分两次调查采样，采样时间跨越春夏季，第一次采样于 1 月中下旬进行，第二次采样于 8 月中下旬进行。

5.4.3.3　监测方法

选择有代表性的侵蚀和未侵蚀地段，实测侵蚀厚度及面积，结合其侵蚀年数，计算多年平均土壤侵蚀模数。

（1）确定土壤流失厚度

根据 C2 中测得的土壤层厚度的方法，以 n 年（n 根据现状条件和需求来定）为间隔期测定同一监测样点的土壤层厚度，两者之差即为该时间段的土壤流失厚度。

（2）确定土壤侵蚀模数

土壤侵蚀模数 $M_{侵模}$（t/km²），可利用公式（5-8）进行计算：

$$M_{侵模} = N \times \rho \times 666.7 \times 1500 \tag{5-8}$$

式中，N 为 n 年平均土壤流失厚度（cm）；ρ 为土壤容重（g/cm³）；可使用 C2 测得的土壤容重数据。

5.4.3.4 数据调查频次

数据调查间隔期为 10 年，在间隔期内根据领导干部离任等需要可进行重新调查或补充调查。

5.4.4 C4 林分土壤平均含氮、含磷、含钾、有机质含量

5.4.4.1 指标技术标准

指标技术标准参考《土壤环境检测技术规范》（HJ/T 166—2004）、《森林土壤有机质的测定及碳氮比的计算》（LY/T 1237—1999）。

5.4.4.2 采样布点方法

针对经营范围的主要植被类型进行布点，每个检测区域各设立 3 个监测样点进行采样取土。

5.4.4.3 监测方法

土壤全氮和有效氮的测定采用半微量开氏法（NY/T 53—1987）；土壤全磷测定采用碱熔 - 钼锑抗分光光度法（NY/T 88—1988）、土壤全钾测定采用酸消解后火焰光度法（NY/T 87—1988）、土壤有机碳测定采用重铬酸钾氧化 - 分光光度法（HJ 615—2011），森林土壤有机质测定及碳氮比的计算依据《森林土壤有机质的测定及碳氮比的计算》（LY/T 1237—1999）。

5.4.4.4 数据处理与填报

多个样本测得的平均值即为最终的填报数据，填报单位以 % 计量。

5.4.4.5 数据调查频次

数据调查间隔期为 10 年，在间隔期内根据领导干部离任等需要可进行重新调查或补充调查。

5.4.5   C5 林分负离子浓度（红树林负离子浓度）

5.4.5.1   指标技术标准

国家目前没有发布针对林分负离子浓度和负离子寿命的测试方法，相关工作参考科学论文《森林旅游资源评价中的空气负离子研究》（钟林生和吴楚材，1998）。

5.4.5.2   采样布点方法

针对经营范围内的主要植被类型进行布点，每个植被类型区各设立 3 ～ 5 个监测样点，选择 3 月、6 月和 9 月进行 5 天的连续监测取样，通过采样设备的动力，吸引空气通过带电的平行极化电极板进行计数，测算林分负离子浓度。

5.4.5.3   数据处理与填报

每组测的数据的平均值作为最终的填报数据，单位以个 /cm³ 表示。

5.4.5.4   数据调查频次

数据调查间隔期为 5 年，在间隔期内根据领导干部离任等需要可进行重新调查或补充调查。

5.4.6   C6 单位面积林分年二氧化硫、氮氧化物、氟化物、扬尘的吸收量（单位面积红树林年污染物吸收量）

5.4.6.1   指标技术标准

林木组织中相关物质含量的测定还没有国家或地方标准方法。

树木叶片滞尘量分析方法参考科学论文《城市绿化树种的滞尘效应——以哈尔滨市为例》（柴一新等，2002）

5.4.6.2   采样布点方法

（1）森林林木采样布点

针对经营范围的主要植被类型进行布点，选定 3 种森林植被（亚热带次生常绿阔叶林、亚热带次生常绿灌木林、人工相思林），每个区域主要植被类型设3 个样方（监测点），针对乔木设 3 个采样高度（建议树干下部、中部和上部，分 3 个高度采摘叶片），3 棵树（每个样方选取 3 棵植物），5 片叶（每棵植物的每个高度选取 5 片代表叶）。建议于冬夏两季分两次采样，因为冬夏两季存在不同的环境条件，如温度、降水等。

（2）红树林采样布点

每个红树林主要群落区域设 3 个样方（监测点），针对乔木设 3 个采样高度（建议树干下部、中部和上部，分 3 个高度采摘叶片），3 棵树（每个样方选取 3 棵植物），5 片叶（每棵植物的每个高度选取 5 片代表叶）。建议于冬夏两季分两次采样，因为冬夏两季存在不同的环境条件，如温度、降水等。

5.4.6.3　样品监测和分析方法

对每个样方进行两次采样，时间跨度设置为跨越春夏两季，设定年 1 月和 8 月，进行两次采样。每个样方内选取 3 株植物，两次均采取同一株植物相邻的相同组织（如叶片）进行污染物含量分析测定。

对所采的植株组织进行烘干、研磨、$H_2SO_4\text{-}H_2O_2$ 消煮等处理后，借用土壤中响应物质测定的全消解方法测定二氧化硫量、氟化物量、氮氧化物量，因为林木组织中相关物质还没有国家标准方法。

二氧化硫采用硫酸钡比浊法（或者离子色谱法，检出限更低），氮氧化物采用奈氏比色法，氟化物采用氟试剂比色法（或者离子色谱法，检出限更低）。粉尘用蒸馏水浸泡 2h 并洗下叶片上附着物，用镊子将叶片小心夹出，浸洗液用已烘干称重（W_1，单位为 g）的滤纸过滤，将滤纸于 60℃ 下烘 24h，再以万分之一天平称重（W_2，单位为 g）。

5.4.6.4　数据处理与填报

分析春夏两季各植物组织中不同污染物含量的差异，可以获得该植物在这个时间段内的植物污染物质吸收量。基于该专题的单个植株生物量、样方生物量或叶面积指数，以及从其他专题所获得的区域不同林分的面积及生物量和叶面积指数等信息，计算单位时间的污染物吸收量和区域森林污染物年吸收量。

单位面积滞尘量的测定上，两次重量之差，即采集样品上所附着的降尘颗粒物重量。每个样品平行测定两组滞尘量，其算术平均值作为叶片的滞尘量，并同时测定叶片面积（A，单位为 m^2）。

5.4.6.5　数据调查频次

数据调查间隔期为 5 年，在间隔期内根据领导干部离任等需要可进行重新调查或补充调查。

5.4.7 C7 单位面积红树林凋落物量

5.4.7.1 指标技术标准

由于缺乏相应标准,单位面积红树林凋落物量采样方法参考文献《福建九龙江口秋茄红树林凋落物年际动态及其能流量的研究》(郑逢中等,1998)

5.4.7.2 采样布点方法

选择一处典型红树林样地,并随机设置 10 个凋落物收集网。一年分夏季、冬季分别采集 1 次,每次采集时间为 1 个月。

5.4.7.3 监测方法

凋落物收集网用孔径 1.5mm 涂塑玻璃纤维制成,每个收集网网口为圆形,面积 1m²,外形呈倒三角锥形,固定于离地面约 2m 高的植株丛间,除滩面少数小苗外,其树冠均处于收集网之上,收集网下端设开口,紧扎。每 5 天取出凋落物 1 次,及时风干保存,每月集中 1 次。各组分抽样于 105℃烘干至恒重,以计算当月凋落物各组分干重值。

5.4.7.4 数据处理与填报

将 2 个月 10 个凋落物收集网的月干重值进行平均,得到每月平均每个凋落物收集网收集的凋落物干重,乘以 12 个月即得到红树林每年每平方米凋落物量。

5.4.7.5 数据调查频次

单位面积红树林凋落物量数据收集频次建议参考森林资源二类调查间隔期为 10 年。在间隔期内根据领导干部离任等需要进行重新调查或补充调查。

5.4.8 C8 沼泽湿地净生产力

5.4.8.1 指标技术标准

由于广东省沼泽湿地中草本湿地占比超过 90%,因此沼泽湿地净生产力测定主要参考《草地生产力测定及样条监测技术规程》。

5.4.8.2 采样布点方法

在沼泽湿地中选择能够代表该类型自然特征的典型地段设置 1 处样地。放置的样地要求草群生长发育正常，未受或受家畜或其他活动干扰较小。根据草地植物种类组成和分布的均匀程度，确定样地面积，最常用的是 10m×10m。同时在样地内随机设置 3 处 1m×1m 样方。

5.4.8.3　样品采集分析方法

样品采集应在夏季进行，对样方内的草进行整齐的面切割，并分别收集切割下来的草，将收集的草本植物进行烘干称重。

5.4.8.4　数据处理与填报

对所得到的 3 处样方内草本植物生物量干质量求平均值，则得到单位面积沼泽湿地净生产力。

5.4.8.5　数据调查频次

数据调查间隔期参照林地（红树林）净生产力，调查间隔期为 10 年，在间隔期内根据领导干部离任等需要可进行重新调查或补充调查。

5.4.9　C9 生物多样性指数

5.4.9.1　指标技术标准

指标技术标准参照《全国植物物种资源调查技术规定（试行）》、《自然保护区生物多样性监测技术规范》（2008）、《植物资源学》（2008）、《生物多样性调查与评价》（2007）、《Shannon-Wiener 多样性指数两种计算方法的比较研究》（王晶等，2015）、《生物多样性研究的原理与方法》（中国科学院生物多样性委员会，1994）等。

5.4.9.2　数据调查仪器设备

1）器材：手提电脑、数码相机、GPS 定位仪、坡度坡向仪、望远镜、轮尺、皮尺、土壤刀、计算器等。

2）表格与文具：调查用表、调查用图、铅笔、粉笔或蜡笔、油性笔、记录本、文具盒、工作包等。

3）标本采集及处理设备：采集桶（袋）、标本夹、高枝剪、放大镜、标本烘烤架、吹风机、吸水纸、台纸、透明纸、浸制试剂等。

5.4.9.3 调查布点方法

样地（点）的布局要尽可能全面，要分布在整个调查地区内的各代表性地段及代表类群，避免在一些地区产生漏空，要注意代表性、随机性、整体性及可行性结合；同时，也要注意到被调查区域的不同地段的生境差异，如山脊、沟谷、坡向、海拔等。

根据地形地貌布设样方并进行调查记录，样方面积依据物种多样性来确定。一般森林样方面积设为（20～30)m×（20～30)m，然后在样方的四个角和对角线交叉点设立灌木和草本小样方；灌木类型的样方面积通常设为（5～10）m×（5～10)m；草本样方的面积通常设为（1～2)m×（1～2)m。样方数量一般面积为 5～50hm² 的设 2～3 个样方，50～500hm² 的设 5 个，面积 >500hm² 的每增 100hm² 增设一个，但总样方数最多控制在 10 个以内。对于样方内植物采用单株每木记账调查法，起测径阶 2cm，起测树高 1.5m，记录各植物的种名、胸径、树高等数据；对于草本和灌木，调查其中所有草本和灌木植物的种名、面积、覆盖度等。

植物调查要选择大部分植物种类开花或结实阶段进行调查，最大限度地将该区域的植物种类及相关内容调查详尽，并按照表 5-29 进行填写。

表 5-29　野外植物物种资源样方调查表

样方号：　　　　　经纬度：E　　　　　　N　　　　　　坡向：　　　　　坡度：

坡位：　　　　　海拔：m　　　　　样方面积：　　m×　　m

生境：　　　　　　　　　　干扰：

群落类型及组成：　　　　　调查人：　　　　表格编号：

物种编号	层次	种名(俗名)	学名	数量	物候期	盖度(%)	生态位置	建群种		受威胁因素	备注
								高度(m)	胸径(cm)		

注：①群落类型为：乔木、灌木、草本层主要的物种组成；②生境：石／土山、沟谷、山脊、村边、路旁等；③层次：乔木层、灌木层、草本层；④数量：物种的株（木本）数、丛（草本）数；⑤物候期：花期、果期等；⑥盖度：直接填百分比数值；⑦生态位置：建群种、优势种、寄主等；⑧受威胁因素：过度利用、生境破坏、病虫害等及潜在的威胁

5.4.9.4 分析方法

生物多样性指数采用 Shannon-Weiner 指数（H），Shannon-Weiner 指数中包含着两个成分：①种数；②各种间个体分配的均匀性（evenness）。各种之间，个体分配越均匀，H 值就越大。如果每一个体都属于不同的种，多样性指数就最大；如果每一个体都属于同一种，则其多样性指数就最小。其计算式为

$$H = -\sum_i P_i \ln P_i \qquad (5-9)$$

式中，P_i 为第 i 种的个体数 N_i 占总个体数 N 的比例，i=1，2，3，…，S；S 为数据汇总起来的物种种数。

5.4.9.5　数据调查频次

生物多样性指数调查间隔期为 10 年，在间隔期内根据领导干部离任等需要进行重新调查或补充调查。

5.4.10　C10 水环境容量（COD、NH$_3$-N）

5.4.10.1　指标技术标准

指标技术标准参考《地表水环境质量标准》（GB 3838—2002）。

5.4.10.2　采样布点方法

对国有林场内所有主要河流和水库进行一次采样，采样时间应在下雨 5 天后。

5.4.10.3　监测方法

按照《地表水环境质量标准》（GB 3838—2002）的要求，对采回水样进行水体污染物 COD、NH$_3$-N 的测定。其中 COD 采用重铬酸盐法（HJ 828—2017）进行测定；NH$_3$-N 采用水杨酸分光光度法（HJ 536—2009）进行测定。

5.4.10.4　数据处理与填报

数据测定后水体的 COD、NH$_3$-N 平均浓度减去《地表水环境质量标准》（GB 3838—2002）中二类水体 COD、NH$_3$-N 相应的标准限值（COD≤15mg/L；NH$_3$-N≤0.5mg/L），再乘以水资源量即为 COD、NH$_3$-N 的水环境容量，若出现负值，则相应的环境容量为 0。

5.4.10.5　数据调查频次

水环境容量应配套水资源量采集的频次，数据收集频次为 1 次/年。

5.4.11　C11 单位面积水域降低粉尘数量

5.4.11.1　指标技术标准

指标技术标准参考《环境空气降尘的测定重量法》（GB/T 15265—1994）。

5.4.11.2 采样布点方法

在水体周边的岩石上设置集尘缸，应避开高大树木和局部污染源。

5.4.11.3 监测方法

集尘缸内加入乙二醇，以占满缸底为准，然后放在样点开始收集样品。样品收集一个月后将集尘缸带回进行降尘测量。

测量前将落入缸内的树叶、昆虫取出，测量集尘缸的横截面积，并将其他溶液和尘粒转入烧杯中蒸发，待样品体积缩小至 10 ~ 20ml 后，转移至瓷坩埚中用烘干机烘干，并称量至恒重。

5.4.11.4 数据处理与填报

将降尘重量除以集尘时间和集尘缸截面积，可得到单位面积降尘数量。

5.4.11.5 数据调查频次

数据获取单位面积降尘数量后，可以此为标准不再采集本数据；或根据国有林场场长离任审计等需要进行数据更新。

5.4.12 C12 水资源量（地表水调蓄总量）

5.4.12.1 指标技术标准

水资源量共涉及沼泽湿地、河流湿地、湖泊湿地、人工湿地四类湿地的水资源量；地表水调蓄总量共涉及沼泽湿地、河流湿地、湖泊湿地三类湿地的水资源量。

水资源量指标技术标准主要参考《水资源水量监测技术导则》（SL 365—2015）。

5.4.12.2 采样监测方法

针对经营单位不同的湿地类型进行采样，同时排除掉一些溪流等水资源较小、季节性湿地。

河流湿地水资源量按照《水资源水量监测技术导则》（SL 365—2015）方法进行采样，通过河流水流速和水断面面积测定。

沼泽湿地水资源量通过测定平均水深和湿地面积进行估算，平均水深可用随机探测法测量 5 ~ 10 处水深取平均值。

湖泊湿地水资源量通过测定平均水深和湿地面积进行估算，平均水深可用随机探测法测量 5 ～ 10 处水深取平均值。

人工湿地水资源量主要从当地水务部门获取。

5.4.12.3　数据处理与填报

水资源量数据等于河流湿地水资源量、沼泽湿地水资源量、湖泊湿地水资源量、人工湿地水资源量之和。

地表水调蓄总量数据等于河流湿地水资源量、沼泽湿地水资源量、湖泊湿地水资源量之和。

5.4.12.4　数据收集频次

水资源量建议采用年度收集的方式，数据收集频次为 1 次 / 年。

5.4.13　C13 地表水环境质量评分

5.4.13.1　指标技术标准

指标技术标准参照《广东森林公园质量等级划分与评定》（DB44/T 1228—2013）、《广东省林业厅关于森林公园质量等级评级的管理办法（试行）》。

5.4.13.2　调查范围与对象

调查范围与对象为整个森林公园的主要景区、景点、主要水体。

5.4.13.3　数据调查方法与填报

按《地表水环境质量标准》（GB 3838—2002）进行调查评价。对于达到 I 类标准的水体，地表水环境质量评分为 20 分；对于达到 II 类标准的水体，地表水环境质量评分为 10 分；对于未达到 II 类标准的水体，地表水环境质量评分为 0 分。

5.4.13.4　数据调查频次

地表水环境质量评分的调查频次为 3 年 1 次，与《广东省林业厅关于森林公园质量等级评级的管理办法（试行）》中有关星级森林公园的复核频率一致。

5.4.14　C14 空气环境质量评分

5.4.14.1　指标技术标准

指标技术标准参照《广东森林公园质量等级划分与评定》（DB44/T 1228—2013）、《广东省林业厅关于森林公园质量等级评级的管理办法（试行）》。

5.4.14.2　调查范围与对象

调查范围与对象为整个森林公园的主要景区、景点，人流密集区域；测定时间为当地旅游旺季。

5.4.14.3　数据调查方法与填报

按《环境空气质量标准》（GB 3095—2012）进行调查评价。对于达到 I 类区标准的空气环境质量，空气环境质量评分为 20 分；对于未达到 I 类区标准的空气环境质量，空气环境质量评分为 0 分。

5.4.14.4　数据调查频次

空气环境质量评分的调查频次为 3 年 1 次，与《广东省林业厅关于森林公园质量等级评级的管理办法（试行）》中有关星级森林公园的复核频率一致。

5.4.15　C15 土壤环境质量评分

5.4.15.1　指标技术标准

指标技术标准参照《广东森林公园质量等级划分与评定》（DB44/T 1228—2013）、《广东省林业厅关于森林公园质量等级评级的管理办法（试行）》。

5.4.15.2　调查范围与对象

调查范围与对象为整个森林公园的主要观景点。

5.4.15.3　数据调查方法与填报

按《土壤环境质量标准》（GB 15618—2008）进行调查评价。对于达到 I 类标准的土壤，土壤环境质量评分为 15 分；对于达到 II 类标准的土壤，土壤环境质量评分为 8 分；对于未达到 II 类标准的土壤，土壤环境质量评分为 0 分。

5.4.15.4 数据调查频次

土壤环境质量评分的调查频次为 3 年 1 次，与《广东省林业厅关于森林公园质量等级评级的管理办法（试行）》中有关星级森林公园的复核频率一致。

5.4.16 C16 声环境质量评分

5.4.16.1 指标技术标准

指标技术标准参照《广东森林公园质量等级划分与评定》（DB44/T 1228—2013）、《广东省林业厅关于森林公园质量等级评级的管理办法（试行）》。

5.4.16.2 调查范围与对象

调查范围与对象为整个森林公园的主要观景与住宿点现场。

5.4.16.3 数据调查方法与填报

按《声环境质量标准》（GB 3096—2008）进行调查评价。对于达到 0 类标准的，声环境质量评分为 15 分；对于达到 Ⅰ 类标准的，声环境质量评分为 8 分；对于未达到 Ⅰ 类标准的，声环境质量评分为 0 分。

5.4.16.4 数据调查频次

声环境质量评分的调查频次为 3 年 1 次，与《广东省林业厅关于森林公园质量等级评级的管理办法（试行）》中有关星级森林公园的复核频率一致。

5.5 专项研究类（D 类）数据采集方案

5.5.1 D1 单位面积林分土壤年固碳量（单位湿地土壤的年均固碳量）

5.5.1.1 指标技术标准

指标技术标准参考《土壤环境检测技术规范》（HJ/T 166—2004）、《森林土壤有机质的测定及碳氮比的计算》（LY/T 1237—1999）、《广东省红树林湿地碳汇计量监测技术方案》。

5.5.1.2　采样布点方法

针对经营范围内的主要植被类型进行布点，每个植被类型区域各设立 3 个样地，结合林地样方调查，在每个样地选择的 3 个样点，挖掘土壤剖面，按照 0～10cm、10～20cm、20～30cm、30～50cm 和 50～100cm 将土壤剖面分为 5 层，分层采土样。

分两次调查采样，采样时间跨越春夏季，第一次采样于 2 月中下旬进行，第二次采样于 8 月中下旬进行。

5.5.1.3　样品分析方法

按照《土壤环境检测技术规范》（HJ/T 166—2004）的要求，土壤有机碳含量的测定方法采用重铬酸钾氧化 - 分光光度法。

5.5.1.4　计算方法

通过土壤有机碳的测定，结合 C2 的土壤容重测定结果，计算土壤在两次采样时间各自的土壤碳储量。两次土壤碳储量的差值即为土壤固碳量。

根据 Pan 等（2003）、周玉荣等（2000）对我国主要森林生态系统土壤有机碳含量的相关研究可知：

$$F = U \times \rho \times D/10 \qquad\qquad (5\text{-}10)$$

式中，F 为单位面积土壤碳储量（t/hm^2）；U 为土壤有机碳含量（g/kg）；ρ 为土壤容重（g/cm^3）；D 为土壤厚度（m）。

则土壤年固碳量 F_C [t/(hm$^2\cdot$a)] 为

$$F_C = 2 \times (F_2 - F_1) \qquad\qquad (5\text{-}11)$$

式中，F_2 为 8 月中下旬采样计算得到的单位面积土壤碳储量；F_1 为 2 月中下旬采样计算得到的单位面积土壤碳储量。

5.5.1.5　数据调查频次

数据调查间隔期为 10 年，在间隔期内根据领导干部离任等需要可进行重新调查或补充调查。

5.5.2　D2 单位林分面积吸收的热量（红树林湿地单位面积吸收的热量）

森林或绿地通过蒸腾作用向环境中散发水分同时吸收周围环境热量降低空气温度。林分吸收的热量可以通过测量林分的蒸散量来计算。林分蒸散量又包括林冠蒸腾量和林地地面蒸发量。

5.5.2.1　指标技术标准

单位林分面积吸收的热量（红树林湿地单位面积吸收的热量）指标技术标准参考学术文献《三种林型蒸散量测定方法的研究》（宛志沪等，1999）。

5.5.2.2　采样布点方法

针对研究区域的每种植被进行布点，每个检测区域各设立 3 个检测样地，结合林地样方调查，在每个样地选择 3 ～ 5 个样方。按 1 月、4 月、7 月和 10 月代表春夏秋冬进行测定。

5.5.2.3　样品分析方法

林冠蒸腾量采用叶重量快速测定法。此法按不同树高级在林内选择标准木，在树冠垂直方向按上、中、下 3 个部位，水平方向按东、南、西、北 4 个方向的树冠内部和外部用高枝剪分别取样，并在切口处涂上薄薄的一层凡士林以防切口蒸发，用高精度杆称和托盘天平（精度为 0.2g）迅速称其重量。称后迅速将所剪枝条送回原处，待 3min 后取下并迅速称重（注意计时）。两次重量差即为蒸腾量。单位面积蒸腾量应为每公顷鲜叶重乘以单位鲜叶重的蒸腾量，单位为 mm/h。将各个分时段蒸腾量相加，即得该时段蒸腾量。

地面蒸发量主要考虑凋落物的蒸发量。用编好的水平框架，在尽量不破坏地被物结构的条件下，将地被物转移到框架上，经过一定时间后，框架上的枯落物与自然状态一致，开始测定枯落物的蒸发量。一般情况下，每天定时连同框架一起称重，测定凋落物重量变化。凋落物的蒸发量 = 凋落物重量的变化量 / 采样框面积。

5.5.2.4　数据处理与填报

在常温（24℃）的情况下，水的汽化热约为 2443kJ/kg。将蒸腾量、蒸发量转换为年蒸发量 $V_{蒸散}$（mm），则单位林分面积吸收的热量 Q（kJ/hm^2）应为

$$Q = 10^6 \times 2443 \times V_{蒸散} \qquad （5-12）$$

5.5.2.5　数据调查频次

数据获取单位林分面积吸收的热量后，可以此为标准不再采集本数据，或根据场长离任审计需要进行数据更新。

第 6 章

广东省国有林场和森林公园
资源基础数据管理系统

6.1 系统概述

6.1.1 任务目的

广东省国有林场和森林公园资源基础数据管理系统（以下简称"本系统"）是基于广东省自然资源资产价值核算逻辑模型，对自然资源数据、资源动态变化情况进行电子信息化管理，并自动核算各指标的资产价值，最后进行可视化展示。本平台设计的目的是实现广东省国有林场和森林公园自然资源资产信息化管理，更有效地对广东省自然资源资产进行核算，促进广东省自然资源合理开发使用，促进资源环境与经济可持续发展。

平台建设过程依据软件工程全生命周期的管理流程来实施。从系统环境、总体设计、主要技术工作、系统主要功能介绍等角度来介绍广东省国有林场和森林公园资源基础数据管理系统的建设工作。

6.1.2 任务目标

根据构建的自然资源资产核算方法模型，对自然资源资产进行核算，充分发挥计算机技术与互联网的优点，探索自然资源资产信息化平台建设方案。以广东省国有林场和森林公园为研究对象，开发广东省国有林场和森林公园资源基础数据管理系统，为该区域自然资源管理与核算提供技术平台支持。

广东省国有林场和森林公园资源基础数据管理系统的具体内容包括以下几方面。

1）分析研究广东省第二次全国土地调查成果状况，对其资产数据进行整理，为自然资源资产核算提供数据支持。

2）集成自然资源资产价值核算方法模型，根据自然资源资产价值核算方法指标体系，建立自动化、半自动化资产核算功能，为系统提供数据运算支持。

3）设计开发自然资源资产数据库管理系统，分别从需求分析、概念设计、逻辑结构设计、物理设计、数据库实施、运行与维护方面对该资产数据库进行研究开发，为广东省国有林场和森林公园资源基础数据管理系统提供数据存储支持。

4）开发自然资源资产管理平台，根据用户需求，建立自然资源资产管理平台，采用先进的开发框架，研究该系统构建过程，为用户进行自然资源资产价值核算提供网络平台支持。

6.2　系统环境

6.2.1　硬件环境

硬件环境具体见表 6-1。

表 6-1　硬件环境

设备名称	主要技术指标	数量	软件配置
网络服务器	8CPU、16G 内存、1T 硬盘，独立带宽	1	WIN Server 2010

6.2.2　软件开发环境

本系统采用 BS 结构。为保证系统先进性、可靠性和功能完备，主要开发环境及工具应具备强大的服务器端应用开发能力和全面的数据处理、高效的可视化处理、高度的交互性、一定的 WebGIS 功能支持等能力。

为此，本系统的开发环境为 PHP、Java 及 GeoServer 工具。

6.3　系统总体设计

6.3.1　功能需求与原则

6.3.1.1　数据库总体设计

广东省国有林场和森林公园资源基础数据管理系统以自然资源数据库为基础，所以自然资源数据库的设计是系统的核心和基础，数据库设计的优劣涉及整个系统的功能、性能和可扩展性。本项目数据库的设计包含以下几个方面：①数据库平台的选择；②数据库总体结构设计；③数据存储方式设计；④属性字段设计。

6.3.1.2　数据管理功能

（1）数据访问

1）支持广东省第二次全国土地调查成果数据、自然资源资产成果数据的解析、访问、格式转换和上传、下载。

2）支持系统所需矢量数据的访问和加载。

（2）数据检索

提供基于 Web 的交互式数据选择工具，用户可以根据需要，选取研究区域内的国有林场和森林公园进行查看。

（3）数据入库更新

支持广东省第二次全国土地调查数据的自动导入和其他结果数据的在线管理功能。

（4）数据编辑

支持用户通过前端界面对入库数据的在线运算编辑修改。

6.3.1.3 数据显示与交互

具有查询检索、Web 地图显示，多变量统计分析等功能。

（1）数据检索

自然资源列表浏览、自定义组合查询功能。

（2）数据显示

1）国有林场和森林公园基本信息显示。

2）灾害预警动态预警显示。

3）统计分析图形显示。

6.3.1.4 系统总体设计要求

本系统在设计中遵循质量第一、模块化、通用化的基本原则，使本系统能够满足易用性、可靠性、安全性、可扩展性和自动化管理等方面的要求。

（1）质量第一原则

本系统设计坚持把质量放在首位，从系统总体设计、各子系统设计到软件研制开发的各个环节严把质量关，确保系统业务运行稳定可靠。

（2）模块化原则

模块化是通用化和系列化的基础，各子系统软件要设计成标准的模块，相互之间要求统一的接口标准，便于各模块的独立测试、参与集成与联调。

（3）通用化原则

系统设计要采用通用接口标准，并充分考虑与用户现有平台设备的兼容性，便于互备互换，提高分系统的可靠性和可维护性。

（4）易用性原则

本系统充分考虑其直接面向业务运行用户的特点，在界面设计科学性原则指导下，对各功能的操控设计应简捷而实用，尽可能简化系统的各种繁杂的操作步骤，保证系统界面友好、操作简单、功能实用。

（5）可靠性原则

系统设计中采用降额使用或冗余备份等手段提高可靠性。尽可能采用可靠性较高的产品，关键设备要有冗余，关键数据要及时备份，业务流程要有较强的容错能力，要制定可靠措施确保系统和信息的安全。通过采取多层次的冗余备份手段和技术，保证设备在发生故障时能在最短时间内恢复，以最大限度地保证系统的正常运转。

（6）可扩展性原则

系统应具有可扩展性，以利于整个系统的平滑升级，最大限度地保护现有投资，并保证业务系统的连续运行。

（7）自动化管理原则

加强系统整体设计，提高系统运行和管理的自动化水平，采用完善的软硬件保护措施，避免误操作及其他因素对业务系统运行造成的影响。

6.3.2　系统业务流程

根据系统功能需求，系统工作流程首先为数据入库更新流程。入库更新流程的目的是将系统需要管理的数据导入数据库中，并提供前端页面及相应的在线计算工具，用户可方便地录入自然资源数据。把需要入库数据放在固定的更新目录，然后启动更新程序，保证用户对自然资源资产数据进行更新维护、在线编辑。

然后基于数据库中存储的标准化产品，用户可以进行数据查询、显示及可视化分析等操作。

6.3.3　技术架构

本系统对自然资源资产数据建立统一标准的数据集，并以数据集的一致性作为应用和研究的基础，对数据提供显示和分析功能。因此，本系统可建立起数据和应用之间便捷的接口，使用户（系统管理人员和各林场、森林公园业务人员）快速地得到结果（图6-1）。

本系统研制采用的技术体系如下。

1）基于XAMPP平台，其强大性能可以搭建健壮、可伸缩、安全的服务器端开发。它提供Web服务、组件模型、管理和通信API，可以用来实现面向服务的体系结构。在本系统中结合 PHP、HTML5、AJAX、JQUERY、WEBGIS 等技术构建整个 Web 系统框架。

2）基于 PHP 平台，利用 PHP 强大的数据处理和分析功能实现各种数据的接口操作、数据处理、可视化分析。

3）采用 MySQL 及 POSTGIS 空间数据库，实现相关系统数据及空间数据的存储与交互。

4）以丰富的经验和先进的技术在用户和需求结果之间搭建出高效、便捷的桥梁。完善灵活的数据管理和简单易用的分析功能是这座桥梁的桥墩，以保障系统的灵活、强健。同时系统采用模块化的设计模式，使这座桥梁具有可扩展性和完善性。

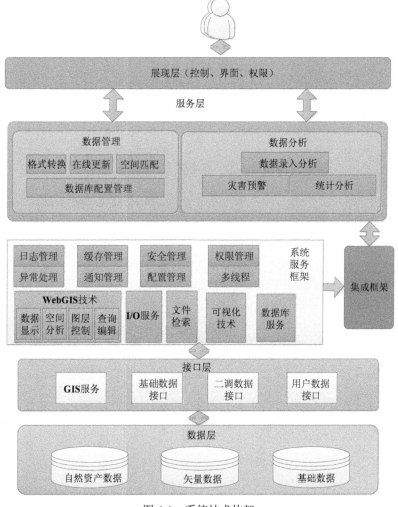

图 6-1　系统技术构架

6.3.4 数据接口

本系统是服务器端的分析系统，从系统角度来说与数据库和客户端有接口关系。系统数据接口关系如图6-2所示。

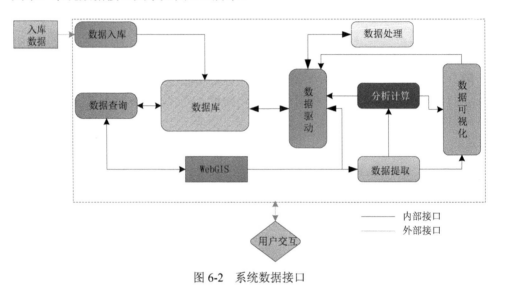

图6-2 系统数据接口

6.4 主要技术工作

6.4.1 系统功能结构

广东省国有林场和森林公园资源基础数据管理系统功能组成如图6-3所示。

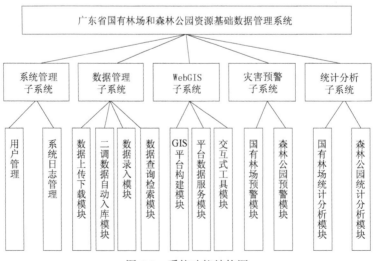

图6-3 系统功能结构图

6.4.2　系统功能设计

6.4.2.1　系统管理子系统

（1）用户管理模块

● 模块处理功能

用户管理模块主要提供用户注册、权限分配功能。

● 输入

用户注册资料。

● 输出

用户账户。

● 工作流程设计

工作流程设计如图 6-4 所示。

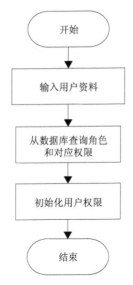

图 6-4　用户管理模块流程图

（2）系统日志管理模块

● 模块处理功能

主要完成系统管理员对系统日志的维护。

● 输入

查询条件、系统日志标识符。

● 输出

修改后的系统日志。

● 工作流程设计

工作流程设计如图 6-5 所示。

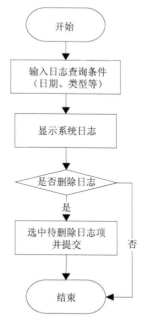

图 6-5　系统日志管理模块流程图

6.4.2.2　数据管理子系统

（1）数据上传下载模块

● 模块处理功能

主要实现业务系统与数据服务器和归档服务器的数据通信功能。其中网络数据下载模块能够根据用户需求，从数据服务器将自然资源资产数据下载到用户本地机器中。网络数据上传模块能够将用户选择的数据通过网络上传到归档服务器进行归档。本模块功能主要使用 PHP 语言编写相应功能的对象，在主框架中调用对应模块，以完成相应的功能。

● 输入

用户选择的数据文件。

● 输出

入库、下载成功结果标识。

● 工作流程设计

工作流程设计如图 6-6 所示。

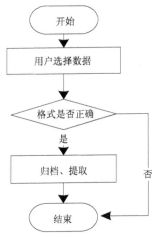

图 6-6　数据上传下载模块流程图

（2）二调数据自动入库模块

● 模块处理功能

提供广东省第二次全国土地调查成果数据的自动化参数生成功能，根据自然资源资产参数计算模型，自动化完成参数计算并存入数据库。

● 输入

二调成果数据。

● 输出

自然资源资产参数。

● 工作流程设计

工作流程设计如图 6-7 所示。

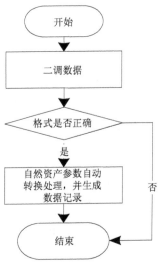

图 6-7　二调数据自动入库模块流程图

（3）数据录入模块

● 模块处理功能

提供数据录入功能。用户通过前端页面，结合系统提供的辅助计算模型，进行自然资源资产参数的录入。

● 输入

自然资源资产参数，包括存量表参数、质量表参数、流向表参数、价值量表参数、负债表参数。

● 输出

入库结果。

● 工作流程设计

工作流程设计如图 6-8 所示。

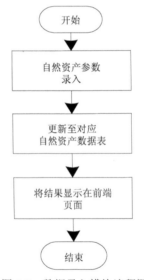

图 6-8　数据录入模块流程图

（4）数据查询检索模块

● 模块处理功能

提供数据库查询模块，支持通过单位、自然资源资产表类型、属性字段、自由组合方式进行数据检索。

● 输入

单位、自然资源资产表类型、属性字段。

● 输出

查询结果。

● 工作流程设计

工作流程设计如图 6-9 所示。

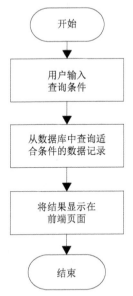

图 6-9　数据查询检索模块流程图

6.4.2.3　WebGIS 子系统

WebGIS 平台模块主要目的是为系统其他模块提供基于地图的可视化交互式服务。模块主要包括：GIS 平台构建模块、平台数据服务模块、交互式工具模块等。

（1）GIS 平台构建模块

● 模块处理功能

构建二维 WebGIS 可视化显示平台，支持全球背景栅格数据、矢量数据的加载，地理查询等。

● 输入

全球背景栅格数据，广东国有林场、森林公园矢量数据。

● 输出

二维 WebGIS 可视化显示平台。

● 工作流程设计

工作流程设计如图 6-10 所示。

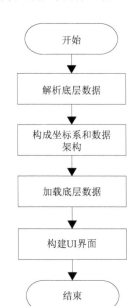

图 6-10　GIS 平台构建模块流程图

（2）平台数据服务模块

● 模块处理功能

为 WebGIS 平台提供数据调度服务。

● 输入

底层数据文件。

● 输出

待显示的底层数据块。

● 工作流程设计

工作流程设计如图 6-11 所示。

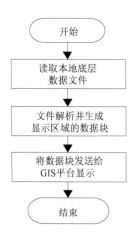

图 6-11　平台数据服务模块流程图

（3）交互式工具模块

● 模块处理功能

支持漫游、缩放、感兴趣单位选择、属性查看等交互式控制。

● 输入

交互式操作指令。

● 输出

显示结果反馈。

● 工作流程设计

工作流程设计如图 6-12 所示。

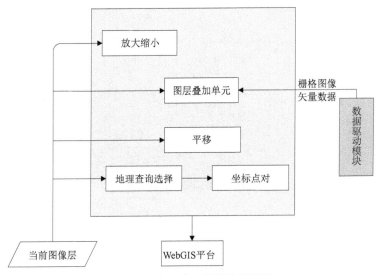

图 6-12　交互式工具模块流程图

6.4.2.4　灾害预警子系统

● 模块处理功能

灾害预警子系统模块主要目的是根据用户配置的预警条件，进行灾害预警，并在前端页面使用动态雷达效果进行动态警示。模块预警指标包括国有林场及森林公园的林地面积、森林覆盖率、单位面积林分蓄积量、生态功能等级、石漠化等级、沙化等级等。

● 输入

预警条件。

● 输出

基于 WebGIS 的前端动态警示。

● 工作流程设计

工作流程设计如图 6-13 所示。

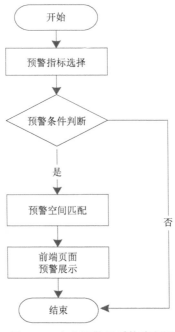

图 6-13　灾害预警子系统流程图

6.4.2.5　统计分析子系统

● 模块处理功能

针对国有林场及森林公园，提供根据单位名称进行一个或者多个单位、自然资源资产统计年份、对有林地、生态公益林比例、单位面积林分蓄积量、森林覆盖率、生态功能等级、生物多样性指数、经济效益、单位面积经济效益、生态效益、单位面积生态效益等自然资源资产指标，进行相关数据统计，生成统计图表并在前端页面展示。

● 输入

单位、年份、自然资源资产指标。

● 输出

统计图表。

● 工作流程设计

工作流程设计如图 6-14 所示。

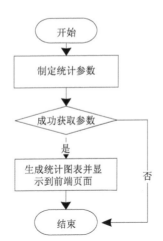

图 6-14　统计分析子系统流程图

6.5　系统主要功能介绍

6.5.1　系统登录及注册

系统登录页面及注册页面如图 6-15 所示。其中，注册模块提供单位选择，并支持关键字模糊查询，减少用户注册难度。

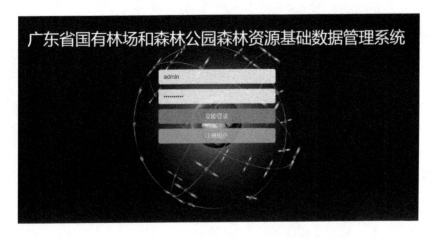

注册用户   ×

　　类型   ◉国有林场 ◯森林公园

　　国有林场   请选择   ▾

　　密码   请输入密码

　确认密码   请再次输入密码

                                                              关闭   提交

图 6-15　系统登录及注册页面

6.5.2　系统功能

系统首页如图 6-16 所示，系统首页由标题区、菜单栏、快捷工具面板、'
展示区等组成。

图 6-16　系统首页

6.5.2.1　菜单栏

菜单栏为系统主要功能入口，包括单位概况、数据录入、查询检索、灾害
预警、统计分析、账户管理选项（图 6-17）。

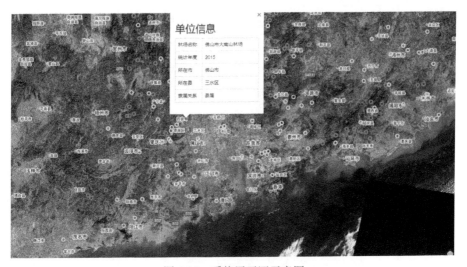

图 6-17　系统菜单

6.5.2.2　展示区

采用 WebGIS 技术，进行数据集成果的展示（图 6-18）。

图 6-18　系统展示区示意图

6.5.3　数据录入

系统为用户提供数据录入接口，用户可在数据录入界面进行导入二调成果数据、查看自然资源资产核算公式、输入核算成果、下载自然资源资产统计报表等操作（图 6-19）。

图 6-19　数据录入界面

6.5.4　查询检索

系统为用户提供数据库查询检索工具，用户根据单位、数据表类型以数据表字段，可以利用查询检索工具，进行查询检索条件组合，并执行查询，获取结果表（图 6-20）。

图 6-20　数据查询检索界面

6.5.5 灾害预警

灾害预警为用户提供可视化灾害预警功能。预警指标包括林地面积、生态公益林面积、森林覆盖率、单位面积林分蓄积量、生态功能等级、石漠化等级、沙化等级，可根据预警指标进行预警条件配置（图 6-21）。

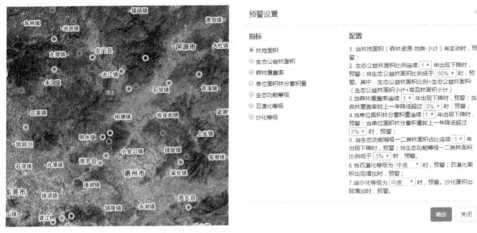

图 6-21　灾害预警界面

6.5.6 统计分析

系统为用户提供数据统计分析工具，用户根据单位、统计年份、自然资源资产类型进行查询检索条件组合，并执行统计分析，获取统计报表（图 6-22）。

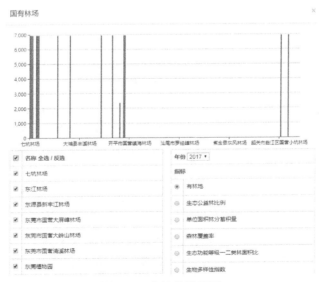

图 6-22　统计分析界面

6.6 关键技术

6.6.1 基于 GeoServer 的 WebGIS 服务

GeoServer 是基于 Java 的开源软件，是一个可以发布地理信息的开源的服务器，通过 GeoServer 用户在相关的 OGS（OpenGIS 协会）规范下可以发布和编辑自己的数据，GeoServer 支持多种格式的数据，或者是真实的地理信息数据。GeoServer 良好的可移植性支持各种不同的平台对数据的共享。

系统通过二维 WebGIS 可视化显示平台进行基于可视化的数据检索、参数分析和对感兴趣区域进行选择。通过符合 OGS（OpenGIS 协会）的服务接口，集成全球背景栅格数据、全球大陆边界、国家行政边界、属性等信息，提供功能完善的 WebGIS 服务。服务构架如图 6-23 所示。

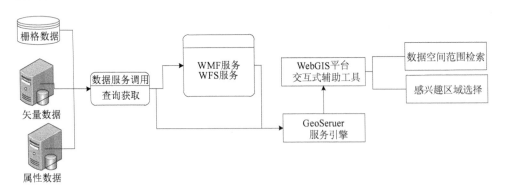

图 6-23　WebGIS 服务构架

通过对开源 GeoServer 服务引擎进行定制，通过数据服务模型接口调用 WMF 和 WFS 服务实现对栅格、矢量地图数据调用，实现 WebGIS 平台并提供辅助的交互式分析工具。并基于天地图等数据信息，在 WebGIS 中可以选择地图视图或是卫星数据视图，用户可以方便选择所需要的经纬度范围进行数据检索或是参数处理范围选择。同时 WebGIS 集成常用视图缩放、视图平移、图层控制、常用感兴趣区域选择、国家行政区域快速选择等功能方便用户快速定位和选择。

6.6.2 基于智能辅助的自然资源资产数据核算服务

传统的自然资源资产数据录入需求非常复杂。基本上是用户按照分析模型，自己处理、计算、分析、填报。填报过程常常占用大量时间，需要大量重复的工作。

本系统在分析用户需求基础上，面向自然资源资产数据应用需求，整合计算资源、数据资源，集成自然资源资产统计计算模型。用户可以选择数据并根据需要对数据进行在线分析。

　　系统预处理功能可对广东省第二次全国土地调查的成果数据进行格式转换、采集、自动模型计算，然后自动入库。技术流程如图 6-24 所示。

　　用户通过页面提交数据请求，并对请求数据按需求提交服务内容，系统根据用户请求，启动不同服务接口进行数据处理，最终发布处理结果，对请求处理过程进行实时监控。

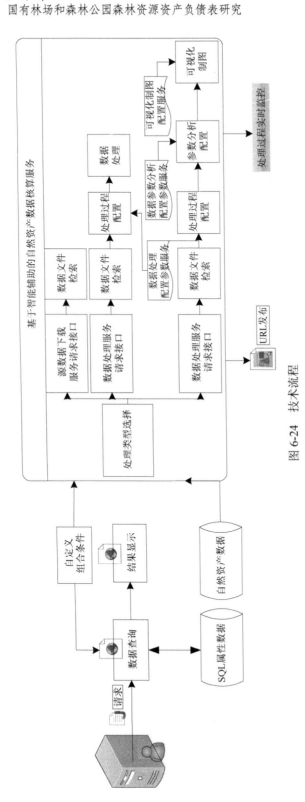

图 6-24　技术流程

参 考 文 献

蔡会德, 张伟, 江锦烽, 等 . 2014. 广西森林土壤有机碳储量估算及空间格局特征 [J]. 南京林业
　　大学学报（自然科学版）,（6）: 1-5.

柴一新, 祝宁, 韩焕金 . 2002. 城市绿化树种的滞尘效应——以哈尔滨市为例 [J]. 应用生态学报,
　　13（9）: 1121-1126.

常杰, 潘晓东, 葛滢, 等 . 1999. 青冈常绿阔叶林内的小气候特征 [J]. 生态学报, 19（1）: 68-75.

陈国瑞, 叶林, 王伟, 等 . 1994. 浙北不同森林类型调温调湿效应的异同性 [J]. 浙江农林大学学
　　报,（2）: 143-150.

陈琳, 欧阳志云, 段晓男, 等 . 2006. 中国野生动物资源保护的经济价值评估——以北京市居民
　　的支付意愿研究为例 [J]. 资源科学, 28（4）: 131-137.

陈文汇 . 2013. 野生动物资源最优管理的动态经济模型及实证研究 [J]. 统计与信息论坛, 28（2）:
　　23-27.

陈遐林 . 2003. 华北主要森林类型的碳汇功能研究 [D]. 北京: 北京林业大学博士学位论文 .

陈艳利, 弓锐, 赵红云 . 2015. 自然资源资产负债表编制: 理论基础、关键概念、框架设计 [J].
　　会计研究,（9）: 18-26.

崔保山, 杨志峰 . 2001. 湿地生态系统健康研究进展 [J]. 生态学杂志, 20（3）: 31-36.

崔丽娟 . 2004. 鄱阳湖湿地生态系统服务功能价值评估研究 [J]. 生态学杂志, 23（4）: 47-51.

崔丽娟, 张曼胤 . 2006. 扎龙湿地非使用价值评价研究 [J]. 林业科学研究, 19（4）: 491-496.

崔明明, 陈文汇, 李达, 等 . 2014. 基于 CVM 的野生动物休闲娱乐价值评估——以金丝猴为例 [J].
　　经营者, 7: 1-9.

杜方 . 2015. 我国编制和运用自然资源资产负债表初探 [J]. 中国内部审计,（11）: 97-101.

杜丽娟 . 2002. 森林资源价值核算研究进展 [A]// 中国科学技术协会, 四川省人民政府 . 加入
　　WTO 和中国科技与可持续发展——挑战与机遇、责任和对策（下册）[C]. 中国科学技术
　　协会, 四川省人民政府: 1.

范大路 . 2001. 生态农业投资项目外部效益评估研究 [M]. 成都: 西南财经大学出版社 .

冯继广, 丁陆彬, 王景升, 等 . 2016. 基于案例的中国森林生态系统服务功能评价 [J]. 应用生态
　　学报, 27（5）: 1375-1382.

冯俊, 孙东川 . 2009. 绿色国民经济核算研究述评 [J]. 会计之友（上旬刊）,（11）: 110-112.

傅国伟 . 2003. 环境工程手册——环境规划卷 [M]. 北京 : 高等教育出版社 .

高常军, 魏龙, 贾朋, 等 . 2017. 基于去重复性分析的广东省滨海湿地生态系统服务价值估算 [J]. 浙江农林大学学报 , 34（1）:152-160.

高成德, 余新晓 . 2000. 水源涵养林研究综述 [J]. 北京林业大学学报 , 22（5）:78.

高敏雪 . 2016. 扩展的自然资源核算——以自然资源资产负债表为重点 [J]. 统计研究 , 33（1）: 4-12.

高智晟 . 2005. 野生动物价值评估与定价研究 [D]. 哈尔滨 : 东北林业大学博士学位论文 .

高智晟, 马建章 . 2004. 野生鹿类的生态价值及其影响因素 [J]. 经济动物学报 , 8（1）:13-15.

耿建新, 胡天雨, 刘祝君 . 2015. 我国国家资产负债表与自然资源资产负债表的编制与运用初探——以 SNA 2008 和 SEEA 2012 为线索的分析 [J]. 会计研究 ,（1）:15-24.

耿建新, 王晓琪 . 2014. 自然资源资产负债表下土地账户编制探索——基于领导干部离任审计的角度 [J]. 审计研究 ,（5）:20-25.

郭建军, 李凯, 江宝骅, 等 . 2014. 流域生态承载力空间尺度效应分析——以石羊河流域为例 [J]. 兰州大学学报（自然科学版）, 50（3）:383-389.

国家发展和改革委员会 . 2014. 国家发展和改革委员会价格认证中心关于印发《野生动物及其产品（制品）价格认定规则》的通知（发改价证办 [2014]246 号）[Z].

韩维栋, 高秀梅, 卢昌义, 等 . 2000. 中国红树林生态系统生态价值评估 [J]. 生态科学 , 19（1）: 40-46.

何德炬, 方金武 . 2008. 市场价值法在环境经济效益分析中的应用 [J]. 安徽工程大学学报 , 23（1）:68-70.

何海军, 温家声, 张锦炜, 等 . 2015. 海南红树林湿地生态系统服务价值评估 [J]. 生态经济 , 31（4）:145-149.

侯元兆 . 2002. 中国热带森林环境资源 [M]. 北京 : 中国科学技术出版社 .

侯元兆, 王琦 . 1995. 中国森林资源核算研究 [J]. 世界林业研究 ,（3）:51-56.

华晓宾 . 2009. 广东省净初级生产力的人类占用计算及多年变化分析 [D]. 广州 : 中山大学硕士学位论文 .

黄晨, 杨木肖, 邹红菲 . 2006. 野生动物价值评估方法的评价 [J]. 野生动物 ,（1）:50-52.

黄从德, 张健, 杨万勤, 等 . 2009. 四川森林土壤有机碳储量的空间分布特征 [J]. 生态学报 , 29（3）:1217-1225.

黄妃本, 陈纯秀, 罗勇 . 2015. 碳汇监测与计量技术在广东红树林生态系统的应用研究 [J]. 广东林业科技 , 31（4）:101-105.

黄平, 侯长谋, 张弛, 等 . 2002. 广东省森林生态系统服务功能 [J]. 生态科学 , 21（2）:160-163.

黄溶冰, 赵谦 . 2015a. 自然资源资产负债表编制与审计的探讨 [J]. 审计研究 ,（1）:37-43+83.

黄溶冰, 赵谦 . 2015b. 自然资源核算——从账户到资产负债表 : 演进与启示 [J]. 财经理论与实践 , 36（1）:74-77.

黄燕飞 . 2012. 中国会计准则国际趋同策略研究 [D]. 北京 : 财政部财政科学研究所博士学位论文 .

黄志宏，田大伦，周光益，等．2009.广东南岭不同林分类型土壤养分状况比较分析 [J].东北林业大学学报，37（9）：63-67.

江波，欧阳志云，苗鸿，等．2011.海河流域湿地生态系统服务功能价值评价 [J].生态学报，31（8）：2236-2244.

姜春，吴志峰，程炯，等．2016a.气候波动和土地覆盖变化对广东省植被净初级生产力的相对影响 [J].热带亚热带植物学报，24（4）：397-405.

姜春，吴志峰，程炯，等．2016b.广东省土地覆盖变化对植被净初级生产力的影响分析 [J].自然资源学报，31（6）：961-972.

姜文来．2003.森林涵养水源的价值核算研究 [J].水土保持学报，17（2）：34-36.

蒋辉，罗国云．2011.可持续发展视角下的资源环境承载力——内涵、特点与功能 [J].资源开发与市场，27（3）：253-256.

蒋志刚．2001.野生动物的价值与生态服务功能 [J].生态学报，（11）：1909-1917.

康开权．2015.连江长龙国有林场森林资源价值评估研究 [D].福州：福建农林大学硕士学位论文.

康文星．2005.森林生态系统服务功能价值评估方法研究综述 [J].中南林业科技大学学报，25（6）：128-131.

李昌荣，屠六邦．1983.关于森林对河川年流量的影响及其意义 [J].南京林业大学学报（自然科学版），7（3）：31-43.

李春瑜．2014-07-03.编制自然资源资产负债表的几点思考 [N].中国财经报，007 版.

李海涛，陈灵芝．1999.暖温带山地森林的小气候研究 [J].植物生态学报，23（2）：139-147.

李金昌．1999a.生态价值论 [M].重庆：重庆大学出版社.

李金昌．1999b.要重视森林资源价值的计量和应用 [J].林业资源管理，（5）：43-46.

李金昌，孔繁文，何乃蕙．1986.对中国森林价格的调查与研究 [J].环境保护，（12）：2-5.

李京梅，刘铁鹰．2010.基于旅行费用法和意愿调查法的青岛滨海游憩资源价值评估 [J].旅游科学，24（4）：49-59.

李克让，王绍强，曹明奎．2003.中国植被和土壤碳贮量 [J].中国科学（D 辑：地球科学），33（1）：72-80.

李清彬．2015.自然资源资产负债表初探 [J].中国经贸导刊，（18）：47-50.

李炜．2016.北大港湿地价值研究 [A]// 中国环境科学学会．2016 中国环境科学学会学术年会论文集（第一卷）.北京：中国环境科学学会：8.

李晓华．2004.对中国政府会计制度改革的研究——从收付实现制到权责发生制 [D].长春：吉林大学硕士学位论文.

李兴荣，张小丽，梁碧玲，等．2008.深圳夏季多层土壤温度及其垂直结构日变化特征 [J].科学技术与工程，8（22）：5996-6000.

李扬等．2013.中国国家资产负债表 2013——理论、方法与风险评估 [M].北京：中国社会科学出版社.

李烨楠，卢培利，宋福忠，等．2014.排污权交易定价下的 COD 和氨氮削减成本分析研究 [J].

环境科学与管理，39（3）：50-53.

李周，徐智. 森林社会效益计量研究综述 [J]. 北京林学院学报，1984（4）：61-70.

李忠魁，周冰冰. 2001. 北京市森林资源价值初报 [J]. 林业经济，（2）：36-42.

林佳慧. 2016. 不同林分类型土壤水分及物理性质对比研究 [D]. 广州：华南农业大学硕士学位论文.

林媚珍，马秀芳，杨木壮，等. 2009. 广东省 1987 年至 2004 年森林生态系统服务功能价值动态评估 [J]. 资源科学，31（6）：980-984.

林雄辉. 2013. 浅谈广东省中山市森林生态服务功能的经济价值评估 [J]. 科技风，（7）：250-251.

林业部. 1996. 林业部关于在野生动物案件中如何确定国家重点保护野生动物及其产品价值标准的通知（林策通字 [1996]44 号）[Z].

林业部，财政部，国家物价局. 1992. 捕捉、猎捕国家重点保护野生动物资源保护管理费收费标准（林护字 [1992]72 号）[Z].

林业部，财政部，国家物价局. 1992. 关于发布（陆生野生动物资源保护管理费收费办法）的通知（林护字 [1992]72 号）[Z].

林英华，李迪强. 2000. 一种实用的野生动物价值评估方法——旅行费用支出法 [J]. 东北林业大学学报，28（2）：61-64.

刘大海，欧阳慧敏，李晓璇，等. 2016. 海洋自然资源资产负债表内涵解析 [J]. 海洋开发与管理，（6）：3-8.

刘风丽. 2013. 甘肃省稀有濒危植物物种优先保护评价 [D]. 兰州：甘肃农业大学硕士学位论文：17-23.

刘世荣. 1996. 中国森林生态系统水文生态功能规律 [M]. 北京：中国林业出版社.

刘晓，孙吉慧，丁访军，等. 2013. 贵州省森林生态系统净化大气功能价值评估 [J]. 林业调查规划，38（4）：50-54.

刘晓辉，吕宪国. 2008. 三江平原湿地生态系统固碳功能及其价值评估 [J]. 湿地科学，6（2）：212-217.

刘晓辉，吕宪国，姜明，等. 2008. 湿地生态系统服务功能的价值评估 [J]. 生态学报，28（11）：5625-5631.

刘映锋. 1999. 加强对自然资源的资产化管理 [J]. 四川财政，（3）：37.

刘玉政，曹玉昆. 1992. 试论野生鸟类经济效益的评价 [J]. 野生动物学报，（5）：14-16.

龙娟，宫兆宁，赵文吉，等. 2011. 北京市湿地珍稀鸟类特征与价值评估 [J]. 资源科学，33（7）：1278-1283.

鲁春霞，刘铭，冯跃，等. 2011. 羌塘地区草食性野生动物的生态服务价值评估——以藏羚羊为例 [J]. 生态学报，31（24）：7370-7378.

罗泽珣. 1963. 秩次相关系数可以作为评价动物资源的指标 [J]. 动物学杂志，（1）：39-40.

马传栋. 1995. 资源生态经济学 [M]. 济南：山东人民出版社.

马建伟，郭小龙，杜彦昌，等. 2009. 小陇山林区 16 种珍稀濒危树种优先保护序列研究 [J]. 甘肃林业科技, 34（2）: 25-30.

马建章. 1998. 森林旅游学 [M]. 哈尔滨: 东北林业大学出版社.

马建章, 晁连成. 1995. 动物物种价值评价标准的研究 [J]. 野生动物学报,（2）: 3-8.

马骏, 张晓蓉, 李治国, 等. 2012. 中国国家资产负债表研究 [M]. 北京: 社会科学文献出版社.

马秀芳, 林媚珍, 谢双喜. 2006. 广东省森林效益计量及经济评价 [J]. 生态科学, 25（5）: 408-411.

马占东, 高航, 杨俊, 等. 2014. 基于多源数据融合的南四湖湿地生态系统服务功能价值评估 [J]. 资源科学, 36（4）: 840-847.

孟祥江, 侯元兆. 2010. 森林生态系统服务价值核算理论与评估方法研究进展 [J]. 世界林业研究, 23（6）: 8-12.

牛文元. 2012. 可持续发展理论的内涵认知——纪念联合国里约环发大会 20 周年 [J]. 中国人口·资源与环境, 22（5）: 9-14.

欧阳学军, 黄忠良, 周国逸, 等. 2003. 鼎湖山 4 种主要森林的温度和湿度差异 [J]. 热带亚热带植物学报, 11（1）: 53-58.

欧阳志云, 赵同谦, 王效科, 等. 2004. 水生态服务功能分析及其间接价值评价 [J]. 生态学报, 24（10）: 2091-2099.

欧阳志云, 朱春全, 杨广斌, 等. 2013. 生态系统生产总值核算: 概念、核算方法与案例研究 [J]. 生态学报, 33（21）: 6747-6761.

潘勇军, 陈步峰, 王兵, 等. 2013. 广州市森林生态系统服务功能评估 [J]. 中南林业科技大学学报, 33（5）: 73-78.

彭达, 张红爱, 杨加志, 等. 2006. 广东省林地土壤非毛管孔隙度分布规律初探 [J]. 林业与环境科学, 22（1）: 56-59.

彭文成. 2012. 海南省森林资源资产评估技术体系与应用 [J]. 热带林业, 40（4）: 28-31+17.

朴世龙, 方精云, 贺金生, 等. 2004. 中国草地植被生物量及其空间分布格局 [J]. 植物生态学报, 28（4）: 491-498.

盛明泉, 姚智毅. 2017. 基于政府视角的自然资源资产负债表编制探讨 [J]. 审计与经济研究, 32（1）: 59-67.

施德群, 张玉钧. 2010. 旅行费用法在游憩价值评估中的应用 [J]. 北京林业大学学报（社会科学版）, 9（3）: 69-74.

石强, 钟林生, 吴楚材. 2002. 森林环境中空气负离子浓度分级标准 [J]. 中国环境科学, 22（4）: 320-323.

水利部水利建设经济定额站. 2002. 中华人民共和国水利部水利建筑工程预算定额（下册）[M]. 郑州: 黄河水利出版社.

宋宗水. 1982. 森林生态效能的计量问题 [J]. 农业经济问题,（6）: 29-33.

陶波, 李克让, 邵雪梅, 等. 2003. 中国陆地净初级生产力时空特征模拟 [J]. 地理学报, 58（3）: 372-380.

田贵全, 宋沿东, 刘强, 等. 2012. 山东省濒危物种多样性调查与评价 [J]. 生态环境学报, 21（1）:

27-32.

万昊, 刘卫国 . 2014. 六盘山 2 种森林植被固碳释氧计量研究 [J]. 水土保持学报, 28（6）: 332-336.

万志芳, 蒋敏元 . 2001. 林业生态工程生态效益经济计量的理论和方法研究 [J]. 林业经济,（11）: 24-27.

宛志沪, 蒋跃林, 李万连, 等 . 1999. 三种林型蒸散量测定方法的研究 [J]. 安徽农业大学学报,（04）: 481-487.

汪佑德 . 2016. 论我国水资源资产负债表的编制基础 [A]// 中国水利技术信息中心, 东方园林生态股份有限公司 . 2016 第八届全国河湖治理与水生态文明发展论坛论文集 [C]. 中国水利技术信息中心, 东方园林生态股份有限公司: 5.

王兵, 郑秋红, 郭浩 . 2008. 基于 Shannon-Wiener 指数的中国森林物种多样性保育价值评估方法 [J]. 林业科学研究, 21（2）: 268-274.

王红春 . 2014. 衡阳紫金山林场森林资源价值评估研究 [D]. 北京: 中国林业科学研究院硕士学位论文 .

王继国 . 2007. 艾比湖湿地调节气候生态服务价值评价 [J]. 湿地科学与管理, 3（2）: 38-41.

王金南, 蒋洪强, 曹东, 等 . 2009. 绿色国民经济核算 [M]. 北京: 中国环境科学出版社 .

王金南, 蒋洪强, 曹东, 等 . 2005. 中国绿色国民经济核算体系的构建研究 [J]. 世界科技研究与发展, 27（2）: 83-88.

王晶, 焦燕, 任一平, 等 . 2015. Shannon-Wiener 多样性指数两种计算方法的比较研究 [J]. 水产学报, 39（8）: 1257-1263.

王景升, 李文华, 任青山, 等 . 2007. 西藏森林生态系统服务价值 [J]. 自然资源学报,（5）: 831-841.

王蕾 . 2009. 濒危乔木等级指标体系及评价方法 [J]. 河北林业科技, 3: 35-37.

王顺利, 刘贤德, 王建宏, 等 . 2011. 甘肃省森林生态系统保育土壤功能及其价值评估 [J]. 水土保持学报, 25（5）: 35-39.

王小明, 王刚, 周本智, 等 . 2011. 中亚热带天然次生常绿阔叶林水文生态效应研究 [J]. 水土保持通报, 31（1）: 11-15.

王晓学, 沈会涛, 李叙勇, 等 . 2013. 森林水源涵养功能的多尺度内涵、过程及计量方法 [J]. 生态学报, 33（4）: 1019-1030.

王效科, 冯宗炜, 欧阳志云 . 2001. 中国森林生态系统的植物碳储量和碳密度研究 [J]. 应用生态学报, 12（1）: 13-16.

王幼臣, 张晓静 . 1996. 湖南省张家界森林公园社会效益评价 [J]. 林业经济,（5）: 44-54.

王兆礼, 陈晓宏, 李艳 . 2007. 基于 BPNNSI 的多年平均水面蒸发量插值方法 [J]. 中山大学学报（自然科学版）,（1）: 114-118.

王志宝, 卓榕生 . 2000. 美国林业发展道路对中国林业发展策略的启示 [J]. 林业工作研究,（6）: 1-12.

王忠诚, 王淮永, 华华, 等 . 2013. 鹰嘴界自然保护区不同森林类型固碳释氧功能研究 [J]. 中南林业科技大学学报，33（7）：98-101.

王登峰. 2002. 广东省森林生态状况监测报告 [M]. 北京：中国林业出版社.

魏辅文，聂永刚，苗海霞，等. 2014. 生物多样性丧失机制研究进展 [J]. 科学通报，59（6）：430-437.

吴炳方，黄进良，沈良标. 2000. 湿地的防洪功能分析评价——以东洞庭湖为例 [J]. 地理研究，19（2）:189-193.

吴小巧，黄宝龙，丁雨龙. 2004. 中国珍稀濒危植物保护研究现状与进展 [J]. 南京林业大学学报（自然科学版），28（2）：72-76.

肖国杰，肖天贵，赵清越. 2009. 成都城市区域小气候时空变化特征分析 [J]. 成都信息工程学院学报，24（4）：379-382.

肖建红，王敏，施国庆，等. 2009. 保护三峡工程影响的珍稀濒危生物的经济价值评估 [J]. 生物多样性，17（3）：257-265.

肖建武，康文星，尹少华，等. 2011. 广州市城市森林生态系统服务功能价值评估 [J]. 中国农学通报，27（31）：27-35.

肖序，郑玲. 2011. 低碳经济下企业碳会计体系构建研究 [J]. 中国人口·资源与环境，21（8）：55-60.

谢高地，张钇锂，鲁春霞，等. 2001. 中国自然草地生态系统服务价值 [J]. 自然资源学报，16（1）：47-53.

谢高地，甄霖，鲁春霞，等. 2008. 生态系统服务的供给、消费和价值化 [J]. 资源科学，30（1）：93-99.

辛琨，谭凤仪，黄玉山，等. 2006. 香港米埔湿地生态功能价值估算 [J]. 生态学报，26（6）：2020-2026.

辛琨，肖笃宁. 2002. 盘锦地区湿地生态系统服务功能价值估算 [J]. 生态学报，22（8）：1345-1349.

徐猛，陈步峰，粟娟，等. 2008. 广州帽峰山林区空气负离子动态及与环境因子的关系 [J]. 生态环境学报，17（5）：179-185.

徐燕千. 1990. 广东森林 [M]. 广州：广东科技出版社.

许家林. 2000. 中国会计科学:21 世纪发展观念的更新 [J]. 财会月刊，（22）：19-20.

许妍，高俊峰，黄佳聪. 2010. 太湖湿地生态系统服务功能价值评估 [J]. 长江流域资源与环境，19（6）：646-652.

薛春泉，叶金盛，林俊钦，等. 2005. 广东省森林生态效益价值评估 [J]. 林业与环境科学，21（3）：67-70.

薛达元，包浩生，李文华. 1999. 长白山自然保护区森林生态系统间接经济价值评估 [J]. 中国环境科学，19（3）：247-252.

薛杨，杨众养，王小燕，等. 2014. 海南省红树林湿地生态系统服务功能价值评估 [J]. 亚热带农业研究，10（1）：41-47.

杨凯，唐敏，刘源，等. 2004. 上海中心城区河流及水体周边小气候效应分析 [J]. 华东师范大学学报（自然科学版），（3）：105-114.

杨世忠，曹梅梅．2010. 宏观环境会计核算体系框架构想 [J]. 会计研究，（8）：9-15+95.

姚霖．2016. 论自然资源资产负债表编制的"三瓶颈"——基于自然资源资产负债表国家试点调研 [J]. 财会月刊，（34）：6-9.

姚卫浩，苏纯华，陈彬．2009. 湿地生态系统服务功能价值评估研究进展 [J]. 水土保持研究，16（3）：245-249+254.

叶有华，付岚，李鑫，等．2017. 珍稀濒危动植物资源资产价值核算体系研究 [J]. 生态环境学报，26（5）：808-815.

尹小娟，宋晓谕，蔡国英．2014. 湿地生态系统服务估值研究进展 [J]. 冰川冻土，36（3）：759-766.

于丽英．2006. 城市可持续发展战略实施能力的评价体系 [A]// 中国可持续发展研究会．2006年中国可持续发展论坛——中国可持续发展研究会 2006 学术年会可持续发展的技术创新与科技应用专辑 [C]. 中国可持续发展研究会：5.

余超，王斌，刘华，等．2014. 中国森林植被净生产量及平均生产力动态变化分析 [J]. 林业科学研究，27（4）：542-550.

余谋昌．1988. 生态学中的主体与客体 [J]. 自然辩证法研究，（2）：19-29.

余新晓，吴岚，饶良懿，等．2007. 水土保持生态服务功能评价方法 [J]. 中国水土保持科学，5（2）：110-113.

喻阳华，杨苏茂．2016. 森林固碳释氧研究进展 [J]. 环保科技，22（3）：51-54.

袁广达．2010. 基于环境会计信息视角下的企业环境风险评价与控制研究 [J]. 会计研究，（4）：34-41.

翟中齐．1985. 森林生态经济雏论 [J]. 北京林业大学学报，（1）：51-57.

张彪，李文华，谢高地，等．2009. 森林生态系统的水源涵养功能及其计量方法 [J]. 生态学杂志，28（3）：529-534.

张兵，储双双，张立超，等．2016. 广东车八岭国家级自然保护区空气负离子水平及其主要影响因子 [J]. 广西植物，36（5）：523-528.

张航燕．2014. 对编制自然资源资产负债表的思考——基于会计核算的角度 [J]. 中国经贸导刊，（31）：54-56.

张红爱，蔡安斌．2017. 广东省林下植物碳含量和热值特征分析 [J]. 林业与环境科学，33（2）：42-47.

张嘉宾．1988. 关于森林效益的探索 [J]. 环境科学导刊，（2）：28-32.

张建国．1986. 森林生态经济问题研究 [M]. 北京：中国林业出版社．

张建国，杨建洲．1994. 福建森林综合效益计量与评价 [J]. 生态经济（中文版），（6）：1-6.

张娜，张巍，陈玮，等．2015. 大连市 6 种园林树种的光合固碳释氧特性 [J]. 生态学杂志，34（10）：2742-2748.

张文华，贺立勇，张明洁，等．2005. 白龙江林区森林资源价值评价研究 [J]. 甘肃农业大学学报，（6）：802-810.

张文驹,陈家宽.2003.物种分布区研究进展 [J].生物多样性,11（5）:364-369.

张晓云,吕宪国,沈松平,等.2008.若尔盖高原湿地区主要生态系统服务价值评价 [J].湿地科学,6（4）:466-472.

张一平,刘玉洪,马友鑫,等.2002.热带森林不同生长时期的小气候特征 [J].南京林业大学学报（自然科学版）,26（1）:83-87.

张翼然.2014.基于效益转换的中国湖沼湿地生态系统服务功能价值估算 [D].北京:首都师范大学博士学位论文.

张颖.2012.森林游憩资源价值评价模型研究 [A]// 中国生态经济学学会."生态经济与转变经济发展方式"——中国生态经济学会第八届会员代表大会暨生态经济与转变经济发展方式研讨会论文集 [C].中国生态经济学学会:9.

张颖.2001.必须加强森林资源社会效益的核算 [J].经济研究参考,（2）:44-48.

张颖.2004.森林社会效益价值评价研究综述 [J].世界林业研究,17（3）:6-11.

张祖荣.2001.我国森林社会效益经济评价初探 [J].重庆文理学院学报,（3）:23-26.

赵桂慎,文育芬,于法稳.2008.生态系统服务功能价值测算的研究进展、问题及趋势 [J].生态经济,（2）:100-103.

赵金成,高志峰.2003.当前森林保育土壤价值核算方法中存在的问题 [J].林业经济,（2）:54-55.

赵金龙,王泺鑫,韩海荣,等.2013.森林生态系统服务功能价值评估研究进展与趋势 [J].生态学杂志,32（8）:2229-2237.

赵同谦,欧阳志云,王效科,等.2003.中国陆地地表水生态系统服务功能及其生态经济价值评价 [J].自然资源学报,18（4）:443-452.

郑逢中,林鹏,卢昌义,等.1998.福建九龙江口秋茄红树林凋落物年际动态及其能流量的研究 [J].生态学报,18（2）:113-118.

政府间气候变化专门委员会（IPCC）.2006.2006 年 IPCC 国家温室气体清单指南 [M].kanagawa:日本全球环境战略研究所.

中国科学院生物多样性委员会.1994.生物多样性研究的原理与方法 [M].北京:中国科学技术出版社.

《中国生物多样性国情研究报告》编写组.1998.中国生物多样性国情研究报告 [M].北京:中国环境科学出版社.

《中国水利年鉴》编纂委员会.2002.中国水利年鉴 [M].北京:中国水利水电出版社.

钟林生,吴楚材.1998.森林旅游资源评价中的空气负离子研究 [J].生态学杂志,17（6）:56-60.

仲伟周,邢治斌.2012.中国各省造林再造林工程的固碳成本收益分析 [J].中国人口·资源与环境,22（9）:33-41.

周国梅,周军.2004.绿色国民经济核算国际经验 [M].北京:中国环境科学出版社.

周守华,陶春华.2012.环境会计:理论综述与启示 [J].会计研究,（2）:3-10+96.

周学红,马建章,张伟.2007.我国东北虎保护的经济价值评估——以哈尔滨市居民的支付意

愿研究为例 [J]. 东北林业大学学报, 35（5）：81-83.

周繇. 2006. 长白山区野生珍稀濒危药用植物资源评价体系的初步研究 [J]. 西北植物学报, 26（3）：599-605.

周毅, 甘先华, 王明怀, 等. 2005. 广东省生态公益林生态环境价值计量及评估 [J]. 中南林业科技大学学报, 25（1）：9-14.

周玉荣, 于振良, 赵士洞. 2000. 我国主要森林生态系统碳贮量和碳平衡 [J]. 植物生态学报, 24（5）：518-522.

周重光, 许利群, 杭韵亚. 1998. 午潮山常绿阔叶林气候生态效应定位研究 [J]. 浙江林业科技, （2）：1-14.

朱可峰, 廖宝文, 章家恩. 2011. 广州南沙人工红树林凋落物组成与季节变化的研究 [J]. 华南农业大学学报, 32（4）：119-121.

朱绍文, 张立, 孙春林. 2003. 八达岭林场森林资源价值评估及生态效益经济补偿的初步探讨 [J]. 北京林业大学学报, （S1）：71-74.

朱婷, 施从炀, 陈海云, 等. 2017. 自然资源资产负债表设计探索与实证——以京津冀地区林木资源为例 [J]. 生态经济, 33（1）：159-166.

朱小龙, 侯元兆, 李玉敏, 等. 2012. 重庆市武隆县森林资源价值研究 [J]. 安徽农业科学, 40（4）：2103-2107+2206.

宗雪, 崔国发, 袁婧. 2008. 基于条件价值法的大熊猫（*Ailuropoda melanoleuca*）存在价值评估 [J]. 生态学报, 28（5）：2090-2098.

曾祥云, 利锋. 2013. 考虑温室气体排放的红树林湿地生态价值评估 —— 以海南东寨港红树林湿地为例 [J]. 生态经济, （12）：175-177.

曾震军, 唐凤灶, 杨丹菁, 等. 2008. 流溪河林场森林生态系统服务功能价值评估 [J]. 生态科学, （4）：262-266.

Brookshire D S, Neill H R. 1992. Benefit transfers: conceptual and empirical issues[J]. Water Resources Research, 28（3）：651-655.

Butler G R, Hvenegaard J T, Krystofiak D K, et al. 1994. Economic values of bird-watching at Point Pelee National Park, Canada[J]. Wildlife Society Bulletin, 17（4）：526-531.

Chambers C M, Whitehead J C. 2003. A contingent valuation estimate of the benefits of wolves in Minnesota[J]. Environmental & Resource Economics, 26（2）：249-267.

Channell R, Lomolino M V. 2000. Dynamic biogeography and conservation of endangered species[J]. Nature, 403（6765）：84-86.

Costanza R, d'Arge R, de Groot R, et al. 1997. The value of the world's ecosystem services and nature. Nature, 387: 253-260.

Daily G C. 1997. Nature's Service: Societal Dependence on Natural Ecosystems[M]. Washington DC: Island Press.

de Groot R S. 1992. Functions of Nature: Evaluation of Nature in Environmental Planning Management and Decision Making[M]. Groningen: Wolters-Noordhoff.

de Groot R S, Wilson M A, Boumans R M J. 2002. A typology for the classification, description and valuation of ecosystem functions, goods and services[J]. Ecological Economics, 41（3）: 393-408.

Dennis M D, Louis J N. 1986. Net economic value of deer hunting in Idaho[J]. USDA Forest Service Resource Bulletin, 14（2）: 179-184.

Eade J O, Moran D. 1996. Spatial economic valuation: benefits transfer using geographical information systems[J]. Journal of Environmental Management, 48（2）: 97-110.

Eftec. 2009. Valuing environmental impacts: practical guidelines for the use of value transfer in policy and project appraisal[R]. Report for Department for Environment, Food and Rural Affais, the United Kingdom.

Fernandes L, Ridgley M A, Vant H T. 1999. Multiple criteria analysis integrates economic, ecological and social objectives for coral reef managers[J]. Coral Reefs, 18（4）: 393-402.

Freeman A M. 1993. The Measurement of Environmental and Resource Values: Theory and Methods[M]. London: Routledge.

Goldsmith W R. 1962. The Nation Wealth of the United States in the Postwar Period[M]. New Jersey: Princeton University Press.

Heal G. 1999. Biodiversity as a commodity[J]. Encyclopedia of Biodiversity, 99（7）: 386-398.

Hooper D U, Adair E C, Cardinale B J, et al. 2012. A global synthesis reveals biodiversity loss as a major driver of ecosystem change[J]. Nature, 486（7401）: 105-129.

John B L. 1985. Net economic value of hunting unique species in Idaho: bighorn sheep, mountain goat, moose, and antelope[J]. Kimball Harper Ecology Collection, 10:1-16.

Kellert S R. 1984. Wildlife value and the private landowner[J]. American Forests, 90（11）: 27-28+60-61.

Koch N E. 1998. 森林与生存生活质量的关系 [A]// 林业部国际合作司 . 第十一届世界林业大会文献选编 [C]. 北京 : 中国环境科学出版社 .

Lin M Z, Ma X F, Yang M Z, et al. 2009. Dynamic evaluation of forest eco-system services in Guangdong Province[J]. Resources Science, 31（6）: 980-984.

Macdonald A M, Anlauf K G, Banic C M, et al. 1995. Airborne measurements of aqueous and gaseous hydrogen peroxide during spring and summer in Ontario, Canada[J]. Journal of Geophysical Research Atmospheres, 100（D4）: 7253-7262.

Pan G X, Li L Q, Zhang X H, et al. 2003. Soil organic carbon storage of China and the sequestration dynamics in agricultural lands[J]. Advance in Earth Sciences, 18（4）: 609-618.

Peterson G L, Cindy S S. 1992. Valuing Wild Life Resources in Alaska[M]. Boulder, Colorado: Westview Press.

Pushpam K. 2015. 生态系统和生物多样性经济学生态和经济基础 [M]. 李俊生 , 翟生强 , 胡理乐译 . 北京 : 中国环境出版社 : 195-200.

Ready R, Navurd S. 2006. International benefit transfer: method and validity tests[J]. Ecological

Economics, 60（2）: 429-434.

Rosenberger R S, Stanley T D. 2006. Management, generalization, and publication: sources of error in benefit transfer and their management[J]. Ecological Economics, 60（2）: 372-378.

Scheffers B R, Joppa L N, Pimm S L, et al. 2012. What we know and don't know about Earth's missing biodiversity[J]. Trends in Ecology & Evolution, 27（9）: 501-510.

Stale N, Richard R. 2007. Environmental Value Transfer: Issues and Methods[M]. Germany: Springer.

Steudel B, Hector A, Friedl T, et al. 2012. Biodiversity effects on ecosystem functioning change along environmental stress gradients[J]. Ecology Letters, 15（12）: 1397-1405.

UNFCCC. 2000. Methodological Issues: Land-use, Land-use Change and Forestry [EB/OL]. Submissions from Parties, SB-STA 13th Session, Lyon, 11-15.

William J M. 1993. Wetlands[M]. New York: Van Nostrand Reinhold.

后　记

　　《广东省国有林场和森林公园森林资源资产负债表研究》一书是"广东省国有林场和森林公园森林资源资产负债表编制及数据采集"课题组探索完成的专业性学术成果，课题组成员付出了艰辛的劳动和辛勤的汗水，庆幸的是拙作历经一年多的努力如期完成。本书的出版得益于广东省林业厅许多领导、同事及同行专家给予的指导和支持。感谢广东省林业厅、广东省国有林场和森林公园管理局、深圳市环境科学研究院、深圳市自然资源资产评估与审计咨询中心的各位领导和同事对本书的顺利出版所做出的努力。感谢科学技术部国家重点研发项目（2016YFC0503500）和广东省2016年林业发展及保护省级财政专项资金项目"广东省国有林场和森林公园森林资源资产负债表编制及数据采集（GD-201606-199017-0007）"的经费资助。感谢广东省林业厅、广东省林业调查规划院、广东省林业科学研究院、中国林业科学研究院热带林业研究所、中国科学院华南植物园、中山大学、环境保护部华南环境科学研究所和华南农业大学等多个科研院所专家对本研究成果所给予的宝贵意见和建议。感谢课题组的辛勤劳动，感谢科学出版社各位编辑为本书的编辑出版付出的艰辛劳动和所做的杰出工作。由于作者能力有限，书中不足之处在所难免，衷心期待读者的批评指正。

作　者

2017 年 12 月